全国高职高专院校"十二五"规划教材（加工制造类）

机械制图测绘指导书

主　编　金　茵

副主编　毛全有

中国水利水电出版社
www.waterpub.com.cn

内 容 提 要

本书根据机械类专业教学改革及职业教育院校对机械类专业学生操作技术和职业素质的培养需要编写而成。本书的编写以实际部件测绘项目的实施为主线，以机械装置的测绘这一企业技术人员岗位技能需求为依据。完成一项机械测绘项目需要拆装、测量、机械设计、零件加工、零件及部件绘制等综合知识，本书根据测绘项目实施步骤的先后来编写。全书共分7章，内容包含：实训任务的要求、测绘的具体步骤及注意事项、测量方法及常见问题、具体测绘部件的功能说明、测绘对象零件的技术要求说明、典型零件测绘案例等。

本书可以作为高职高专院校机械类专业的实训教材，也可以作为企业技术人员的参考书。

本书配有电子教案，读者可以从中国水利水电出版社网站和万水书苑上下载，网址为：http://www.waterpub.com.cn/softdown/和 http://www.wsbookshow.com。

图书在版编目（CIP）数据

机械制图测绘指导书 / 金茵主编. -- 北京 ：中国
水利水电出版社，2012.11（2023.7 重印）
全国高职高专院校"十二五"规划教材. 加工制造类
ISBN 978-7-5170-0322-9

Ⅰ．①机… Ⅱ．①金… Ⅲ．①机械制图－测绘－高等
职业教育－教材 Ⅳ．①TH126

中国版本图书馆CIP数据核字(2012)第263334号

策划编辑：宋俊娥　　责任编辑：王玉梅　　加工编辑：宋 杨　　封面设计：李 佳

书　　名	全国高职高专院校"十二五"规划教材（加工制造类） 机械制图测绘指导书
作　　者	主 编 金 茵 副主编　毛全有
出版发行	中国水利水电出版社 （北京市海淀区玉渊潭南路 1 号 D 座　100038） 网址：www.waterpub.com.cn E-mail: mchannel@263.net（答疑） 　　　　sales@mwr.gov.cn 电话：(010) 68545888（营销中心）、82562819（组稿）
经　　售	北京科水图书销售有限公司 电话：(010) 68545874、63202643 全国各地新华书店和相关出版物销售网点
排　　版	北京万水电子信息有限公司
印　　刷	三河市鑫金马印装有限公司
规　　格	184mm×260mm　16 开本　5.75 印张　140 千字
版　　次	2012 年 11 月第 1 版　2023 年 7 月第 8 次印刷
印　　数	12801—13800 册
定　　价	19.00 元

前　　言

"制图测绘实训"是在继"机械制图"课程理论教学之后，对学生进行以设计、测量、手工绘图为一体的机械设计绘图能力综合训练的专业实践课程，是学生对课堂所学的制图基本理论知识及基本制图技能加以综合应用的一个重要环节。目标是通过对机器或部件的测绘，使学生掌握部件拆装能力、测绘能力，熟练手工绘图能力，并提高对工作任务的组织管理能力、查阅资料能力。

本书根据学生前期掌握的知识量，将测绘所涉及的各类知识点分成两部分。一部分是学生应该掌握的，需作为任务的重点进行指导；另一部分内容是学生可在以后逐步掌握，但在任务中涉及的，则作为知识拓展进行补充说明，并附参考资料。整个教材的安排完全根据任务步骤的先后来编写。本书共分 7 章，包含制图测绘每阶段所需的基础知识和方法指导，以及具有典型特征零部件的测绘案例，主要内容有实训目的、任务和要求；测绘常用程序及测绘步骤；常见部件拆装方法，零件测量方法；机械制图的基本规定；零件图、装配图的绘制方法；典型零件的测绘；典型部件的测绘；机构简图、零件技术要求确定的相关参考资料。

本书的主要特点是：按照学生的学习习惯，对机械制图部分标准及要点进行汇总，方便学生在测绘过程中查阅；指导内容中增加技术要求确定的说明，使学生进行相关要求标注时具有目的性，也使之成为机械设计的前期实践，加深对机械设计课程相关部分的理解，增加对以后学习的兴趣；测量指导部分内容占重要部分，培养学生的测量操作能力，使测与绘能力得到均衡培养；包含各类典型特征零部件的基本测绘方法，指导内容全面。

本书由金茵担任主编，毛全有担任副主编。其中，毛全有负责第 1、3、5 章的编写，金茵负责第 2、4、6、7 章的编写及全书的汇总工作。在此，特别感谢提供大量技术资料的陈长生老师，同时也感谢中国水利水电出版社万水分社的老师，由于他们的督促与帮助，才使此书得以顺利出版。

由于编者的水平有限，本书难免存在错误或不当之处，恳请专家和读者批评指正。

编　者
2012 年 8 月

目　　录

第 1 章　测绘概述

作为工程技术人员必须掌握测绘这项基本技能。测绘工作是一件既复杂又细致的工作，其中大量的工作是分析机件的结构形状，画出图形，准确测量尺寸，弄清并制定出技术要求等。

在实际生产中，设计新产品时，需要测绘同类产品的部分或全部零件，供设计时参考；机器或设备维修时，如果某一零件损坏，在无备件又无图纸的情况下，也需要测绘损坏的零件，画出图样作为加工依据。

1.1　测绘的概念和目的

1.1.1　测绘的概念

部件的测绘就是根据现有的部件（或机器），对其及所含零件进行测量，并整理画出零件工作图和装配图的过程。

在生产实践中测绘是获取技术资料的一种重要途径和方法，测绘实训也是对专业技能中的测绘技能的培训。

1.1.2　测绘实训的目的

学习零、部件测绘是巩固前面所学的知识、培养动手能力、理论联系实际的一种有效方法。可达到以下目的：

（1）深入学习零件图和装配图的知识，提高徒手绘图的能力。

（2）了解零部件的测绘程序，熟悉零部件的测绘方法，培养动手能力。

（3）了解一些有关的工艺和设计知识，提高查阅标准手册、使用经验数据等方面的能力，为以后的课程设计和毕业设计打好基础。

（4）培养独立分析问题和解决问题的能力，以及团队协作能力。

1.2　测绘的内容及步骤

1.2.1　零、部件测绘的内容

（1）对现有的部件实物进行拆卸与分析，了解工作原理和装配关系，并绘出装配示意图。

（2）分别对拆出的零件进行测量，并选择合适的表达方案，对测得的尺寸和数据进行圆整与标准化，确定零件的材料和技术要求，绘制出全部零件的草图。

（3）根据装配示意图和部件实际装配关系，以及零件草图绘制出装配工作图和零件工作图。

（4）对测绘过程及遇到的问题、解决方案形成书面说明，并对在测绘过程中所学到的测绘知识与技能、学习体会、收获以书面形式写出总结报告材料。

1.2.2　测绘常用的程序

测绘的程序不是唯一的，由于机器测绘的目的不同，机器的复杂程度不同，一般有如图1-1所示的几种程序。

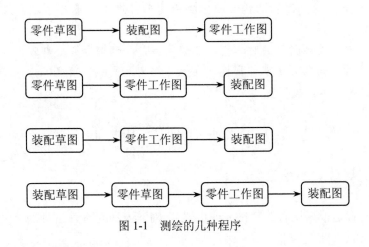

图 1-1　测绘的几种程序

1.2.3　零、部件测绘的步骤

零、部件的测绘主要分为拆装测量、图形绘制两个阶段，一般按以下步骤进行：

（1）做好测绘前的准备工作。了解测绘内容和任务，组织好人员分工，准备好有关参考资料、拆卸工具、测量工具和绘图工具等。

（2）了解和分析部件。全面细致地了解测绘部件的用途、工作性能、工作原理、结构特点以及装配关系等。

（3）拆卸部件。分析了解部件后，要进行部件拆卸。拆卸过程一般按零件组装的反顺序逐个拆卸，所以在拆卸之前要弄清零件组装次序，部件的工作原理、结构形状和装配关系，对拆下的零件要进行登记、分类、编号，弄清各零件的名称、作用、结构特点等。

（4）绘制装配示意图。采用简单的线条和图例符号绘制出部件大致轮廓的装配图样称作装配示意图。它主要表达各零件之间的相对位置、装配与连接关系、传动路线及工作原理等内容，是绘制装配工作图的重要依据。

（5）绘制零件草图。根据拆卸的零件，按照大致比例，用目测的方法徒手画出具有完整零件图内容的图样称作零件草图。零件草图应采用坐标纸（方格纸）绘制，也可采用一般图纸绘制。标准件不需画草图。

（6）测量零件尺寸。对拆卸后的零件进行测量，将测得的尺寸和相关数据标注在零件草图上。要注意零件之间的配合尺寸、关联尺寸应一致。工艺结构尺寸、标准结构尺寸以及极限配合尺寸要根据所测的尺寸进行圆整，或查表和参考有关零件图样资料，使所测尺寸标准化、规格化。

（7）绘制装配图。根据装配示意图和零件草图绘制装配图，这是部件测绘的主要任务。

装配图应表达出部件的工作原理、装配关系、配合尺寸、主要零件的结构形状及相互位置关系和技术要求等，是检查零件草图中的零件结构是否合理、尺寸是否准确的依据。

（8）绘制零件工作图。根据零件草图并结合有关零部件的图纸资料，用尺规或计算机绘制出零件工作图。

（9）测绘总结与答辩。对在测绘过程中所学到的测绘知识与技能、学习体会、收获以书面形式写出总结报告材料，并参加答辩。

第2章 拆装及零件测量

为了了解其内部的结构，并准确方便地进行零件上有关尺寸的测量及有关表面形位误差、表面粗糙度误差等的测量，需将部件拆开。

零件尺寸的测量是在零件草图图形绘制完成后进行的，可将测量的数据记录于草图上。测绘过程包括尺寸测量和绘图两项基本内容。零件尺寸测量准确与否，将直接影响仿制产品的质量。因而要有合理的测量方法并正确地使用测量工具。

2.1 零部件拆装的步骤和方法

2.1.1 测绘拆卸的基本要求

（1）拆卸时要考虑再装配后能恢复原部件状态，即保证原部件的完整性、准确度和密封性等。

（2）对于外购件和部件上不可拆卸的连接，如过盈配合的衬套、销钉，以及一些经过调整，拆开后不易复位的刻度盘、游标尺等组件，一般不进行拆卸。

2.1.2 测绘拆卸的步骤

1. 做好拆卸前的准备工作

拆卸前的准备工作包括：场地的选择与清理；了解机器的结构、性能和工作原理；拆前放油；预先拆下或保护好电气设备，以免受潮损坏。

2. 确定合理的拆卸步骤

部件的拆卸一般是由外部到内部、由上到下进行。

3. 拆卸零部件，进行零件编号，并绘制示意图

拆卸零部件时，除根据零件装配形式采用正确方法进行拆卸外，还需做好以下几点：

（1）编零件号牌和作标记。拆卸下来的零部件应马上命名与编号，作出标记，并作相应记录，必要时在零件上打号，然后分区分组放置。

（2）做好记录。对每一拆卸步骤应逐条记录，并整理出今后装配时的注意事项，尤其要注意装配的相对位置，必要时作出标记；对复杂组件，需绘制六面外轮廓图，最好在拆卸前拍照作记录。

（3）绘制装配示意图。

4. 将已拆卸零件合理放置供测量

为保证测绘后能顺利恢复样机成原样，拆卸后的零部件必须妥善保管，确保不丢失、不损坏，零件保管的主要要求如下：

（1）各拆卸组需编制零部件名册，并有专人负责零件保管。

（2）要保护机件的配合表面，防止损伤。精密零件要垫平，放好，以免摔倒碰坏。细长

零件应悬挂，以免弯曲变形，对轴承等精密零部件测量后油封，用油纸包好。

（3）滚动轴承、橡胶件、紧固件和通用件要分组保管。

（4）当零件的件数多，怕弄错时，在零件上挂好签，并编上与装配示意图上一致的编号。

5．装配还原部件

回装时注意装配顺序（包括零件的正反方向），做到一次装成。在装配中不轻易用锤子敲打，在装配前应将全部零件用煤油清洗干净，对配合面、加工面一定要涂上机油，方可装配。

2.1.3 零部件拆卸的方法

零件材料、大小、结构不同，零件间的配合形式不同，拆卸的方法也完全不同。

1．配合关系零件的拆卸

（1）对于比较结实或精度不高的零件，可用冲击力拆卸法。采用锤头的冲击力打出要拆卸的零件，为保证受力均匀，常采用导向柱或导向套筒。为防锤击力过大损坏零件，锤击时要垫上软质垫料，如图 2-1 所示。

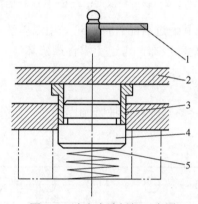

图 2-1 冲击力法拆卸示意图

1—手锤；2—垫板；3—导向套；4—拆卸件；5—弹簧

（2）对于少量过盈的带轮、齿轮及滚动轴承等相对精度高的零部件的拆卸，常采用压力法或拉出法，即用专用工具或设备压出或拉出，如图 2-2 和图 2-3 所示。

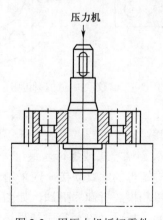

图 2-2 用压力机拆卸零件

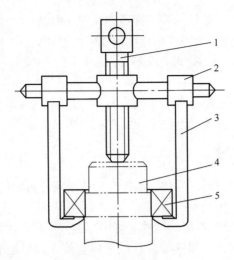

图 2-3　拆卸轴承、带轮等的工具——拉爪

1—手柄与螺杆；2—螺母与横梁；3—拉杆；4—轴；5—轴承

（3）对于大尺寸的轴承或其他过盈配合件，可采用温差法。利用材料热胀冷缩原理进行拆卸，用油局部加热或用干冰局部冷却，可避免零件遭破坏。

2. 螺纹联接的拆卸

（1）拆卸顺序。

拆卸螺纹联接时，拆卸顺序与装配时的拧紧顺序相反，由外到里依次逐渐松开，如图 2-4 所示。

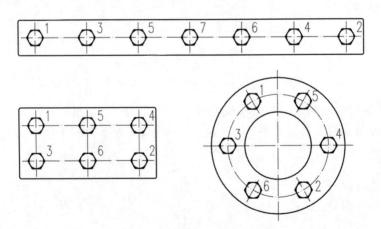

图 2-4　螺纹联接组的拆卸顺序

（2）选用合适的扳手。

选用合适的扳手可保证螺纹联接易于拆卸，避免损坏零件。

①对于六角头或方头的螺钉头、螺栓头或螺母，最好采用相应尺寸的固定扳手，避免采用活动扳手，以防滑脱。特殊结构螺母的螺纹联接，应采用专用扳手，如图 2-5 所示。

②螺柱可采用双螺母、高螺母和楔式拆卸器拆卸，如图 2-6 所示。

③调整螺钉的拆卸可采用双套筒扳手，内套筒先拧紧螺钉，再用外套筒拧松螺母。

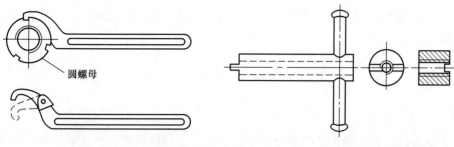

（a）用圆螺母扳手拆卸圆螺母　　　　（b）拆卸端面带槽螺母的带槽螺母扳手

圆螺母

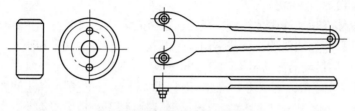

（c）拆卸带孔圆螺母的带销钉扳手

图 2-5　特殊结构螺母用扳手

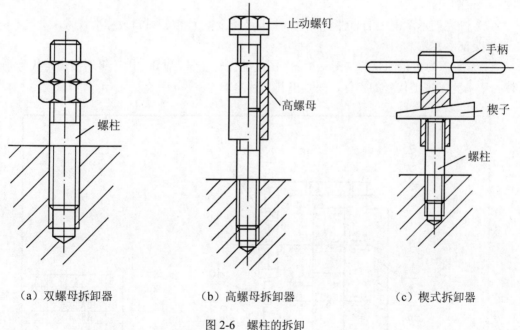

止动螺钉

手柄

高螺母

楔子

螺柱

螺柱

（a）双螺母拆卸器　　　　　（b）高螺母拆卸器　　　　　（c）楔式拆卸器

图 2-6　螺柱的拆卸

（3）对于受空间位置限制的特殊场合，可以用带万向接头或带锥齿轮的特种扳手。

3．拆卸注意事项

（1）拆卸需要进行敲打、搬动等操作时要慎重行事、注意安全。

（2）注意保护高精度重要表面，不能用零件高精度表面做放置的支承面，必须使用时需垫好橡胶垫或软布。

（3）合理选择拆卸工具。

（4）记录拆卸的方向，零件拆卸后即扎上零件号牌，按部件放置，紧固件容易混乱，最好串在一起。

2.2　装配示意图的绘制

1. 装配示意图的概念

装配示意图又称装配简图，可分为总体装配示意图和结构装配示意图。前者以表达机器中各组成部分的总体布局和相对位置为主，而后者以表达装配的结构位置和连接方式为主。

2. 装配示意图的特点

（1）把装配体设想为透明体绘制，既可画出外部轮廓，又可画出内部结构。

（2）各零件只画总的轮廓，一些常用零件及构件有规定的代号和画法，可参阅国家标准《机械》中的"机构运动简图符号"（GB 4460－84），见附录 A。

（3）装配示意图一般只画一两个视图，而且两接触面之间一般要留出间隙，以便区分零件。

（4）装配示意图各部分之间大致符合比例，特殊情况可放大或缩小。

（5）装配示意图可用涂色、加粗线条等手法，使其形象化。常采用展开画法和旋转画法。

（6）装配示意图上的内外螺纹，均用示意画法，内外螺纹配合，可分别全部画出，也可只按外螺纹画出。

（7）画完的示意图上的零件要编号，并记入名称、件数、材料及标准代号。

3. 装配示意图示例

图 2-7 所示为齿轮油泵的装配示意图，图上的齿轮主轴、轴承、齿轮等均按规定代号画出，泵体、堵塞等无规定代号的零件，只画出其大致轮廓。

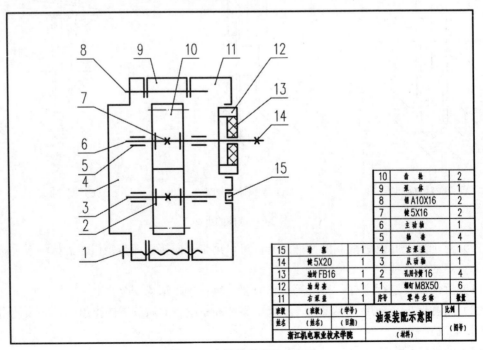

图 2-7　齿轮油泵装配示意图

2.3 常用测量工具和测量方法

2.3.1 零件尺寸测量的要求

1. 尺寸测量要点

（1）测绘中对每个尺寸都要进行测量，形位公差原则上根据功能确定；

（2）非功能尺寸的测量（即在图样上不需注出公差的尺寸）只需测到小数点后一位即可，对于功能尺寸（包括性能尺寸、配合尺寸、装配定位等）及形位误差则应测到小数点后 2～3 位；

（3）测量前应确定测量方法、检验和校对测量用具和仪器，必要时需设计专用测量工具；

（4）测量中要详细记录原始数据，不仅要记录测量读数，还要记录测量方法、测量用具和零件装配方法；

（5）由于存在制造误差和测量误差，按实样测出的零件尺寸往往不成整数，绘制零件工作图时，需要根据零件的实测值推断原设计尺寸，即进行尺寸圆整。

2. 测量注意事项

（1）关键零件的尺寸和零件的重要尺寸，应反复测量多次，取平均值；

（2）整体尺寸应直接测量，不能用中间尺寸叠加而得；

（3）草图上一律标注实测数据；

（4）要正确处理实测数据。在测量较大孔、轴、长度等尺寸时，必须考虑几何形状误差的影响，应多测几点，取其平均数。对于各点差异明显的，还应记下其最大、最小值；

（5）及时进行测量数据整理工作。对重要尺寸的测量数据，如有疑问或矛盾，应立即重测或补测；

（6）测量时应确保零件处于自由状态。对组合前后形状有变化的零件，掌握其前后的差异；

（7）两零件在配合或连接处，其形状结构可能完全一样，测量时亦必须各自测量、分别记录，然后相互检验确定尺寸，决不能只测一处；

（8）测量的精确度要和该尺寸的要求相适应。所以测量前需根据零件功能弄清草图上待测尺寸需要的精度，然后选定测量工具。

2.3.2 各类尺寸的常用测量方法及测量工具

2.3.2.1 线性尺寸的测量

1. 钢直尺测量

钢直尺是用不锈钢薄板制成的一种刻度尺，最小单位为 1mm，部分直尺最小单位为 0.5mm。钢直尺可以直接测量线性尺寸，但误差比较大，常用来测量一般精度的尺寸。钢直尺的测量方法见图 2-8。

2. 游标卡尺测量

游标卡尺是一种测量精度较高的量具，可以测得毫米的小数值，除测量长度尺寸外，还常用来测量内径、外径，带有深度尺的游标卡尺还可以测量孔和槽的深度及台阶高度尺寸。游标卡尺的测量方法见图 2-9。

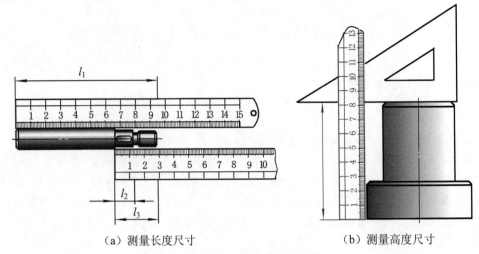

（a）测量长度尺寸　　　　　　　　　（b）测量高度尺寸

图 2-8　用钢直尺测量尺寸

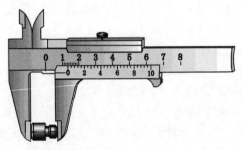

图 2-9　用游标卡尺测量长度尺寸

游标卡尺的读数精度有 0.02mm、0.05mm、0.10mm 三个等级，以精度为 0.02mm 等级为例，刻度和读数方法如图 2-10（a）所示，主尺上每小格 1mm，每大格 10mm，副尺上每小格 0.98mm，共 50 格，主、副尺每格之差等于 $1-0.98=0.02mm$。

读数值时，先在主尺上读出副尺零线左面所对应的尺寸整数值部分，再找出副尺上与主尺刻度对准的那一根刻线，读出副尺的刻线数值，乘以精度值，所得的乘积即为小数值部分，整数与小数之和就是被测零件的尺寸。如图 2-10（b）所示的读数为 $12+39×0.02=12.78mm$。

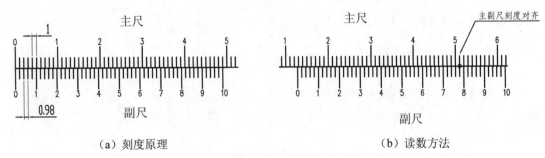

（a）刻度原理　　　　　　　　　　（b）读数方法

图 2-10　游标卡尺的刻度原理和读数方法

3．千分表、千分尺及游标卡尺的合理使用范围

表 2-1 为千分表、千分尺及游标卡尺的合理使用范围，供测绘时选择量具精度作参考。

表 2-1　千分表、千分尺及游标卡尺的合理使用范围

名称	单位刻度值	量具精确度	工件的公差等级											
			IT5	IT6	IT7	IT8	IT9	IT10	IT11	IT12	IT13	IT14	IT15	IT16
千分表	0.001		───	───										
	0.005		───	───	───									
	0.01	0 级		───	───									
		1 级			───	───	───							
		2 级				───	───	───	───					
千分尺	0.01	0 级		───	───	───								
		1 级			───	───	───							
		2 级					───	───	───					
游标卡尺	$\frac{1}{50}\sim0.02$								───	───	───	───	───	───
	$\frac{1}{20}\sim0.05$									───	───	───	───	───
	$\frac{1}{10}\sim0.1$													───

2.3.2.2　直径尺寸的测量

1. 卡钳测量直径

卡钳是间接测量工具，必须与钢直尺或其他带有刻度的量具配合使用读出尺寸。卡钳有内卡钳和外卡钳两种，内卡钳用来测量内径，外卡钳用来测量外径，由于测量误差较大，常用来测量一般精度的直径尺寸。测量方法见图 2-11，再用刻度尺测量卡钳开口尺寸即可。测量时可轻敲卡钳外侧来调节开口的大小，注意不能敲击钳口。

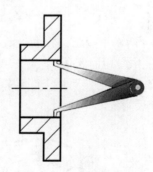

（a）外卡钳测量外径　　　　　　　　　　（b）内卡钳测量内径

图 2-11　用卡钳测量直径尺寸

2. 游标卡尺测量直经

游标卡尺有上下两对卡脚，上卡脚称内测量爪，用来测量内径，下卡脚称外测量爪，用来测量外径，测得的直径尺寸可以在游标卡尺上直接读出，测量方法见图 2-12。

带有深度尺的游标卡尺还可以测量孔和槽的深度及孔内台阶高度尺寸，其尺身固定在游标卡尺的背面，可在主尺背面的导槽中移动。测量深度时，把主尺右端面紧靠在被测工件的

表面上，再向工件的孔或槽内移动游标尺身，使深度尺和孔或槽的底部接触，然后拧紧螺钉，锁定游标，取出卡尺读取数值，测量方法见图 2-13。

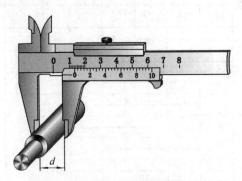

图 2-12　用游标卡尺测量直径尺寸

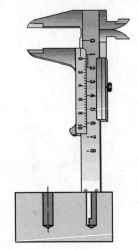

图 2-13　用游标卡尺深度尺测量孔深

2.3.2.3　两孔中心距、孔中心高度的测量

1. 两孔中心距的测量

精度较低的中心距可用卡钳和钢直尺配合测量，测量方法见图 2-14。精度较高的中心距可用游标卡尺测量。

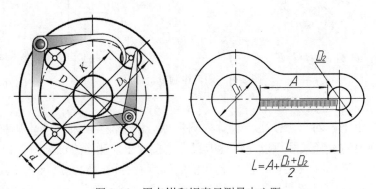

$$L = A + \frac{D_1 + D_2}{2}$$

图 2-14　用卡钳和钢直尺测量中心距

2. 孔中心高度的测量

孔的中心高度可用卡钳和钢直尺或者用游标卡尺测量，图 2-15 所示为用卡钳和钢直尺测量孔的中心高度的方法，游标卡尺也可采用这种办法测量。

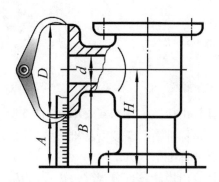

图 2-15　用卡钳和钢直尺测量孔的中心高

2.3.2.4　壁厚的测量

零件的壁厚可用钢直尺或者卡钳和钢直尺配合测量，也可用游标卡尺和量块配合测量，测量方法见图 2-16。

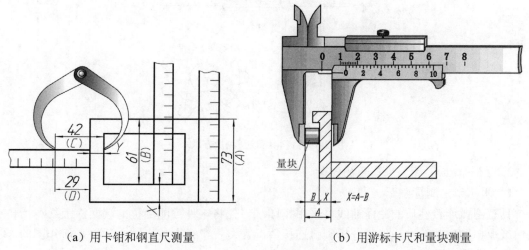

（a）用卡钳和钢直尺测量　　　　　　　（b）用游标卡尺和量块测量

图 2-16　测量零件壁厚

2.3.2.5　标准件、常用件的测量

1. 螺纹的测量

螺纹可使用螺纹量规测量，测量方法见图 2-17。也可用游标卡尺先测量出螺纹大径，再用薄纸压痕法测出螺距，判断出螺纹的线数和旋向后，根据牙型、大径、螺距查标准螺纹表，取最接近的标准值。测量方法见图 2-18。

2. 齿轮的测量

（1）先测量齿顶圆直径（d_a），如 d_a=59.5；

（2）数出齿轮齿数，如 z=16；

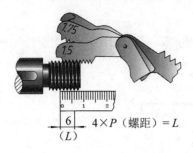

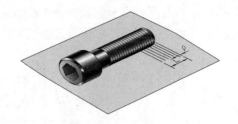

图 2-17　用螺纹量规测量螺纹　　　　　图 2-18　用压痕法测量螺距

（3）根据齿轮计算公式计算出模数，如 $m = d_a /(z + 2) = 59.5/(16 + 2) = 3.3$ ；

（4）修正模数，因为模数是标准值，需要查标准模数表取最接近的标准值。根据计算出的模数值 3.3，查表取得最接近的标准值 3.5；

（5）根据齿轮计算公式计算出齿轮各部分尺寸。齿顶圆 d_a、齿根圆 d_f、分度圆 d 的计算公式分别为：$d_a = m(z + 2)$ ；$d_f = m(z - 2.5)$ ；$d = mz$ 。

直齿齿轮尺寸测量方法见图 2-19。

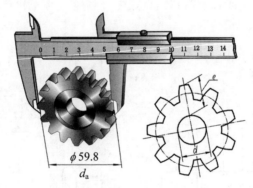

图 2-19　齿轮齿顶圆测量方法

2.3.2.6　曲面、曲线和圆角的测量

1. 用拓印法测量曲面

具有圆弧连接性质的曲面曲线可采用拓印法，先将零件被测部位的端面涂上红泥，再放在白纸上拓印出其轮廓，然后分析圆弧连接情况，测量半径，找出圆心后按几何作图的方法画出轮廓曲线，见图 2-20。

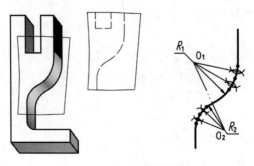

图 2-20　用拓印法测量曲面

2．用坐标法测量曲线

　　将被测表面上的曲线部分平行放在纸上，先用铅笔描画出曲线轮廓，在曲线轮廓上确定一系列均等的点，然后逐个求出曲线上各点的坐标值，再根据点的坐标值确定各点的位置，最后按点的顺序用曲线板画出被测表面轮廓曲线，见图 2-21。

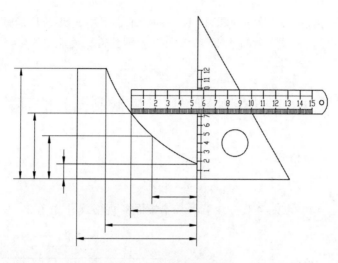

图 2-21　用坐标法测量曲面

3．用圆角规测量圆弧半径

　　零件上的圆角半径可采用圆角规进行测量。测量方法如同螺纹规测量螺纹，通过将标准的圆弧板在工件上比对来确定。

第3章 机械制图基本知识与技能

机械图样是进行技术交流的语言，有统一的标准，具有严格的规范性。要绘制出符合国家标准要求的机械图样，首先要了解国家标准关于制图的有关规定，掌握绘图工具的使用和基本作图的方法。

3.1 国标《技术制图》和《机械制图》的有关规定

3.1.1 图纸幅面及格式

1. 图纸幅面

优先采用 A0、A1、A2、A3、A4 五种基本幅面，规格尺寸如图 3-1 所示。

图纸幅面尺寸

	$B×L$	e	c	a
A0	841×1189	20	10	25
A1	594×841	20	10	25
A2	420×594	20	10	25
A3	297×420	10	5	25
A4	210×297	10	5	25

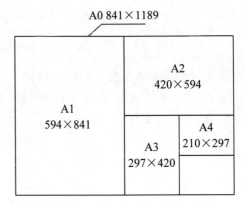

图 3-1 图纸的幅面

2. 图框格式

用粗实线画图框，分为留装订边和不留装订边两种格式，如图 3-2 所示。

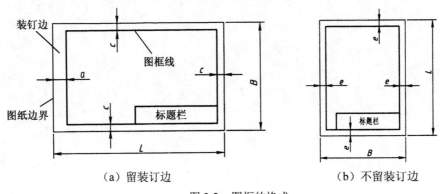

（a）留装订边 （b）不留装订边

图 3-2 图框的格式

3．标题栏

每张图纸都必须画出标题栏，正常情况下标题栏位于图纸的右下角。标题栏中的文字方向为看图方向。

国家标准（GB/T 10609.1－2008）对标题栏的内容、格式及尺寸作了统一规定。各设计单位可根据各自需求作相应变化。测绘作业的标题栏可采用图 3-3 的格式。

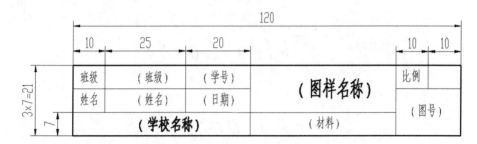

图 3-3　测绘作业建议标题栏

3.1.2　比例、字体及线条

1．比例

（1）根据《技术制图比例》（GB/T 14690－1993）的规定，绘制技术图样时应采用表 3-1中的比例。

表 3-1　制图比例

种类	比例		
原值比例	1:1		
放大比例	5:1 $5 \times 10^n:1$	2:1 $2 \times 10^n:1$	$1 \times 10^n:1$
缩小比例	1:2 $1:2 \times 10^n$	1:5 $1:5 \times 10^n$	1:10 $1:1 \times 10^n$

注：n 为正整数。

（2）标注的方法。绘制同一机件的各个视图应采用同一比例，图样所采用的比例，应填写在标题栏的"比例"栏中；当某一视图需采用不同比例时，必须另行标注该比例在视图名称的下方或右侧，例如，$\frac{I}{2:1}$、$\frac{A}{1:10}$、$\frac{B-B}{2.5:1}$。

2．字体

（1）图样中书写的汉字、数字和字母的基本要求是：字体端正、笔画清楚、间隔均匀、排列整齐。

（2）字号即字体高度（用 h 表示），公称尺寸系列为八种，即 20、14、10、7、5、3.5、2.5、1.8（单位：mm）。

（3）汉字应写成长仿宋体，并采用国家正式公布的简化字。汉字的高度不应小于 3.5mm，其宽度一般为字高 h 的 $1/\sqrt{2}$ 倍。数字和字母分为 A 型和 B 型。A 型字体的笔画宽度 d 为字

高 h 的 1/14；B 型字体的笔画宽度 d 为字高 h 的 1/10。数字和字母可写成直体或斜体（常用斜体），斜体字字头向右倾斜，与水平基准线约成 75°。

　　字体示例如图 3-4 所示。

汉字	机 械 制 图 字 符 集
阿拉伯数字	0123456789
大写拉丁字母	ABCDEFGHIJKLM NOPQRSTUVWXYZ
小写拉丁字母	abcdefghijklmn opqrstuvwxyz
罗马数字	I II III IV V VI VII VIII IX X

图 3-4　字体示例

　　3．图线

　　（1）图线的型式及应用。

　　机械图样上常用的线型为：粗实线、细实线、波浪线、双折线、虚线、点画线、双点画线等，它们的用途如表 3-2 所示。

　　（2）图线宽度。

　　机械图样上采用两种线宽，其比例关系是 2:1。图线的宽度 d 应按图样的类型和尺寸大小，在标准数系 0.13、0.18、0.25、0.35、0.5、0.7、1.4、2（单位 mm）中选择。粗实线的宽度一般为 0.5mm 或 0.7mm。

　　（3）注意事项。

　　①在同一图样中，同类图线的宽度应一致，虚线、点画线、双点画线的线段长度和间隔应大致相同。

　　②绘制圆的对称中心线时，圆心应在线段与线段的相交处，细点画线应超出圆的轮廓线约 3mm。当所绘圆的直径较小，画点画线有困难时，细点画线可用细实线代替。

　　③细虚线、细点画线与其他图线相交时，都应以线相交。当细虚线处于粗实线的延长线上时，细虚线与粗实线之间应有空隙。

表 3-2　工程制图常用线条种类及用途

序号	代码 No.	图线名称	图线型式	图线宽度	一般应用
1		细实线		d/2	过渡线、尺寸线、尺寸界线、剖面线、重合断面的轮廓线、指引线、螺纹牙底线及辅助线等
2	01.1	波浪线		d/2	断裂处的边界线、视图与剖视图的分界线
3		双折线	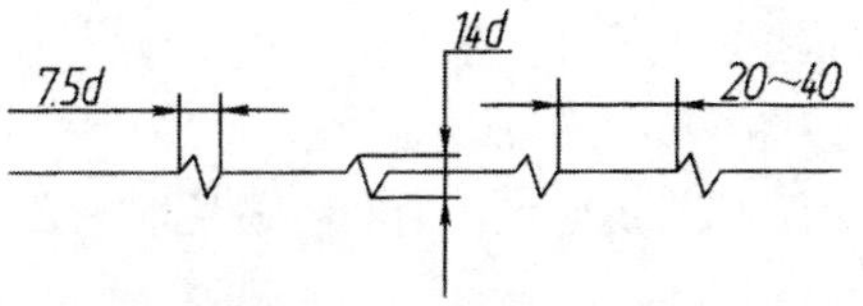 7.5d　14d　20~40	d/2	断裂处的边界线、视图与剖视图的分界线
4	01.2	粗实线	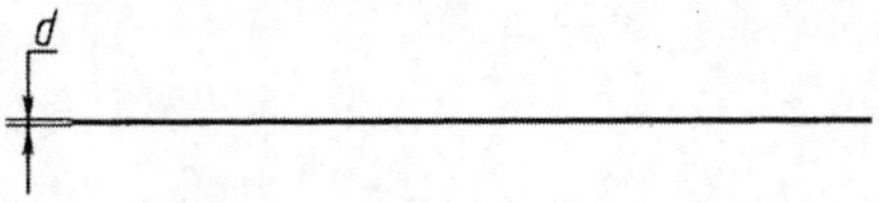 d	d	可见轮廓线、表示剖切面起讫和转折的剖切符号
5	02.1	细虚线	 2~6　1~2	d/2	不可见轮廓线
6	02.2	粗虚线	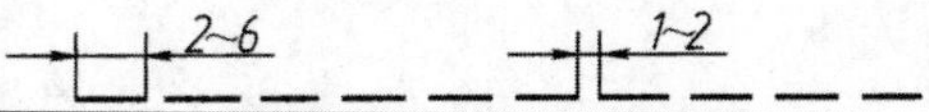 2~6　1~2	d	允许表面处理的表示线
7	04.1	细点画线	 10~25　2~3	d/2	轴线、对称中心线、剖切线等
8	04.2	粗点画线	 10~25　2~3	d	限定范围表示线
9	05.1	细双点画线	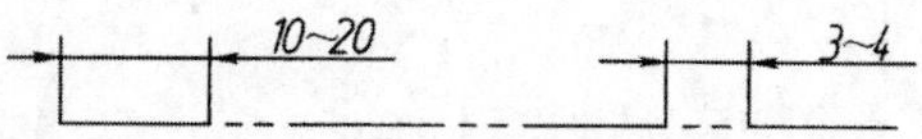 10~20　3~4	d/2	相邻辅助零件的轮廓线、可动零件极限位置的轮廓线、轨迹线、中断线等

注：表中细虚线、细点画线、细双点画线的线段长度和间隔的数值仅供参考。

3.1.3　尺寸标注

1. 标注尺寸的一般方法

（1）尺寸标注应排列得整齐美观，尺寸线间不能相交，尺寸线与尺寸界线之间应尽量避免相交，如图 3-5 所示。

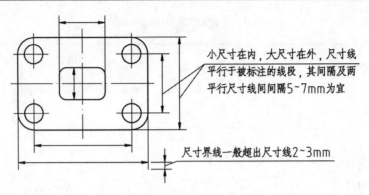

图 3-5　尺寸线及尺寸界线标注方法

（2）尺寸数字一般书写在尺寸线的上方或中断处，并尽量避免在 30° 范围内标注，如图 3-6（a）所示。当无法避免时，可按图 3-6（b）所示标注。

（3）尺寸数字不能被图样上的任何图线通过，当不可避免时，必须将图线断开，如图 3-6（c）所示。

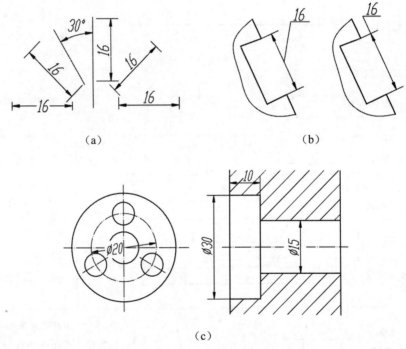

（a）　　　　　　　　　　　　　　　　　（b）

（c）

图 3-6　尺寸数字标注

（4）圆或大于半圆的圆弧可标直径，其余标半径，圆弧半径过大超出图纸范围，则可按图 3-7 右侧视图所示方法进行标注。

（5）角度尺寸标注如图 3-8 所示，角度的数字应水平注写，一般注写在尺寸线的中断处，必要时也可注写在尺寸线的上方、外侧或引出标注。

（6）小尺寸标注时，如位置不够，可改箭头为小圆点，也可将尺寸数字引出标注，如图 3-9 所示。

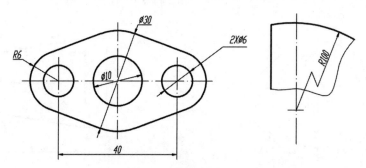

图 3-7　圆弧尺寸标注

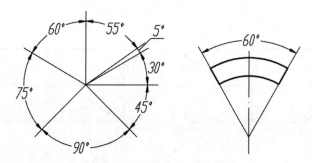

图 3-8　角度尺寸标注

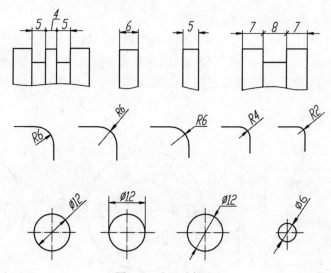

图 3-9　小尺寸标注

2. 标注尺寸常见符号和缩写词

符号或缩写词	ϕ	R	C	▽	⌴	∨	S（$S\phi$、SR）	t	□	∠	◁	EQS
含义	直径	半径	45°倒角	孔深度	沉孔或锪平	埋头孔	球面	板厚	正方形	斜度	锥度	均布

注：板厚当用引出线表示时才使用符号表示，如图 3-10（a）所示，锥度标注、正方形尺寸标注分别如图 3-10（b）、图 3-10（c）所示。

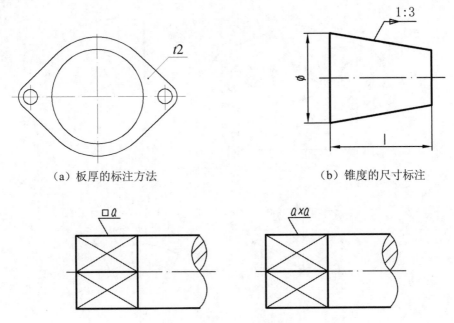

（a）板厚的标注方法　　　　　　　　（b）锥度的尺寸标注

（c）正方形的尺寸标注

图 3-10　尺寸标注的常见符号标注

3. 简化标注和其他标注形式

（1）在同一图形中，对于尺寸相同的孔、槽等要素，可仅在一个要素上注出其尺寸，并注明数量，如图 3-11（a）所示，均匀分布的成组要素（如孔等）的尺寸标注如图 3-11（b）所示，当成组要素的定位和分布情况在图形中明确时，可不标注其角度，并省略"均布"两字，如图 3-11（c）所示。

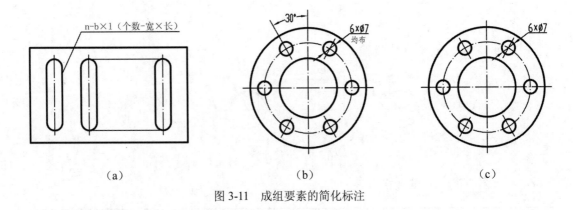

（a）　　　　　　　　　（b）　　　　　　　　　（c）

图 3-11　成组要素的简化标注

（2）间隔相等的链式尺寸，可采用如图 3-12 所示的形式标注。

（3）在同一图形中具有几种尺寸数值相近而又重复的要素时，可采用标记（如涂色、标字母等）的方法区别，如图 3-13 所示。

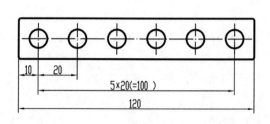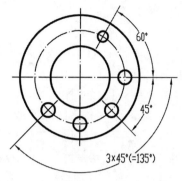

图 3-12　间隔相等的链式尺寸标注

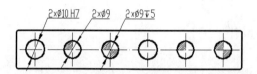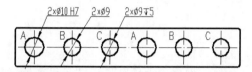

图 3-13　尺寸数值相近又重复的要素标注

3.2　电脑辅助设计的基本设置

　　为了电子图形文件交换的一致性，AutoCAD 绘图的线条用途和颜色、线宽的搭配，文字及标注样式应尽可能统一。

1. 图层设置要求

图层可如表 3-3 所示进行设置。

表 3-3　电脑辅助设计绘图的线型、颜色和线宽的搭配

线条用途、名称	颜色	线型	线宽
可见轮廓线、表示需特殊处理对象表面的范围线	白色	Continuous	0.5mm
隐藏线（虚线）	品红	ISO02W100	0.35mm
数值、文字	红	Continuous	0.25mm
尺寸线、尺寸界线、直线、加工或公差的尺寸标注范围	绿	Continuous	0.18mm
剖面线、折断线、因圆角而消失的棱线、旋转剖面的轮廓线	青	Continuous	0.18mm
中心线	黄	Center2	0.18mm
图框线	蓝	Continuous	0.5mm

2. 文字样式要求

汉字样式：仿宋体 GB2312，字宽比例 0.7，倾斜角度 0°。

尺寸样式：isocp.shx，字宽比例 0.7，倾斜角度 0°。

字体：采用符合国标的工程汉字字体 gbcbig.shx；由于此字体不包含西文字体定义，使用时可将其与 gbenor.shx、gbeitc.shx（斜体西文）字体配合使用。

3. 标注样式要求

（1）一般尺寸标注。

直线和箭头：自动生成的并列尺寸间距 7；尺寸线超出尺寸线 2；尺寸界线起点偏移量 0；箭头大小 3。

- 文字：用尺寸样式 isocp.shx；字高 3.5；文字对齐中取"与尺寸线对齐"。
- 调整："尺寸界线间不能同时放置箭头和文字时，首先从尺寸界线中移出"一栏选取"文字"；"优化"一栏标注时选取"手动控制尺寸位置"。
- 主单位：精度为 0；小数点为句点。

（2）文字、角度标注。

文字、角度标注为水平标注，其对齐项为"水平"，其余同一般标注。

3.3　绘图工具的使用

虽然目前机械图样都采用计算机绘图，但尺规绘图仍是工程技术人员必备的基本技能，同时也是学习和巩固理论知识不可忽视的训练方法。掌握绘图工具正确的使用方法是快速、准确、清晰绘图的基础。

3.3.1　绘图工具及使用方法

1. 图板和丁字尺

画图前，图纸应用胶带纸固定在图板上。画线时，丁字尺头部紧靠图板左侧，铅笔垂直纸面向右倾斜，由左向右画，并通过丁字尺的上下移动画出水平线，如图 3-14 所示。

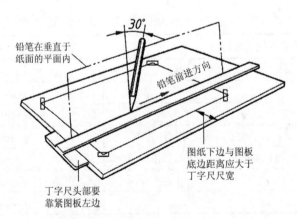

图 3-14　图板和丁字尺的用法

2. 三角板

三角板有 45°和 30°两种直角三角板，可配合丁字尺画垂直线或 45°、15°等特殊角度的斜线，如图 3-15 所示。

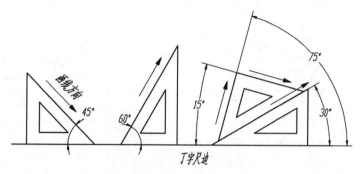

图 3-15　用三角板画斜线

3. 圆规与分规

（1）圆规。

圆规用来画圆或圆弧，使用前应先进行调整，使针尖略长于铅芯。针尖应使有台阶面的一端向下，并将前端完全扎入纸面，以保证定位可靠和针尖扎入深度一致。铅芯根据所画圆的线条粗或细，磨成矩形或铲形，斜面向外，如图 3-16（a）所示。

（2）分规。

分规的主要用途是移植尺寸和等分线段，等分线段可采用平行线法，大长度线段也可采用如图 3-16（b）所示的试分法，先将 AB 用分规根据估计试分 n 段，余出 b 后，再将分规调长 b/n 则可。

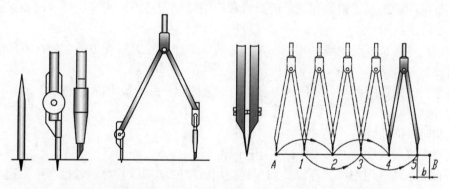

（a）圆规使用方法　　　　　　　　（b）分规等分线段

图 3-16　圆规、分规使用

4. 铅笔

铅笔硬度由字母 H 和 B 来标识，H 越高铅芯越硬，B 越高铅芯越软。一般情况铅笔的选用原则如下：

2H 或 H 铅笔——画底稿、细实线、波浪线、虚线、点画线、双点画线、写字和画箭头等；

HB 或 B 铅笔——画粗实线；

2B 或 3B 铅笔——用圆规画粗实线。

5. 其他绘图工具

除以上的主要绘图工具外，为提高绘图效率，还可以使用各种模板、擦图片等，如图 3-17 所示。

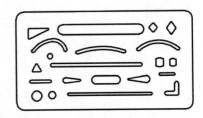

（a）画曲线的模板　　　　　　　　　　（b）擦图片

图 3-17　曲线模板及擦图片

6. 计算机辅助绘图

计算机辅助绘图是利用计算机软件和硬件生成图形信息，将图形信息显示并输出的一种方法和技术。其取代传统制图工具完成制图有关的工作，所以计算机绘图与传统绘图所遵循的标准相同。

计算机辅助绘图软件有很多的类型，较有代表性的是 Autodesk 公司开发的 AutoCAD 二、三维交互图形软件。

3.3.2　绘制工作图的步骤

1. 尺规绘图

（1）画图前的准备工作。

①准备好绘图工具，铅笔和铅芯的数量和粗细要能满足不同线宽的要求，要保证绘图工具清洁，以防弄脏图面；

②工作地点应选择使光线从图板的左前方射入，绘图工具放在方便之处，不用的物品不要放在图板上；

③根据所绘图形的大小、比例选取合适的图纸图幅，并用胶带固定在图板上。

（2）画底稿。

画底稿时，应注意：

①底稿应采用较硬的 H 或 2H 铅笔轻轻画出；

②所有线条均使用细线，点画线和虚线应用极淡的细实线代替，以提高绘图速度和描黑后的图线质量；

③画线要尽量细和轻淡，以便于擦除和修改，但要清晰，铅芯应磨成锥形。

画底稿的步骤如下：

①按标准要求画出图框和标题栏；

②布图。根据图形的大小、数量和标注尺寸的位置等因素布图，图形分布应力求匀称、美观，再根据布图方案画出各图形的基准线，如中心线、对称线等；

③画图形。先画物体主要平面的线，再画各图形的主要轮廓线，然后绘制细节，最后画其他符号、尺寸线等。

（3）铅笔描深。

描深时，铅笔选用 HB 或 B，加深图线时用力要均匀。加深的顺序一般为：先细后粗、先圆后直、先左后右、先上后下。

（4）标注尺寸和填写标题栏。

描深完成后再完成其余的内容，包括画符号、注尺寸、写注解、描深图框及填写标题栏等。最后进行全面检查，并作必要的修饰。

2．计算机绘图

计算机绘图因不需要画草图，图形可移动调整，不需要描深，因而程序略有不同。一般按以下流程进行（以 AutoCAD 2008 为例），其中在绘图区内绘图和修改步骤与手工绘图基本相同：

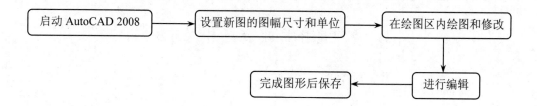

第4章 零件工作图、草图的绘制

测绘零件时，原始资料主要是用零件草图来记录的，它是绘制零件工作图的基本依据，草图与零件工作图的要求完全相同，区别仅在于草图是目测比例和徒手绘图。

4.1 零件图的图形表达和尺寸标注

4.1.1 零件图的内容

完整的零件图必须包含以下几部分的内容：

（1）一组图形。选用一组适当的视图、剖视图、断面图等图形，将零件的内、外形状正确、完整、清晰地表达出来。

（2）齐全的尺寸。正确、齐全、合理地标注零件在制造和检验时所需要的全部尺寸。

（3）技术要求。用规定的符号、代号、标记和文字说明等简明地给出零件制造和检验时所应达到的各项技术指标与要求，如尺寸公差、表面粗糙度和热处理等。

（4）标题栏。按规范要求绘制的框格，用于填写零件名称、材料、比例、图号以及制图、审核人员的责任签字等。

4.1.2 零件图的图形表达

1. 零件图图形表达步骤

首先要对零件的结构形状特点进行分析，并尽可能了解零件在机器或部件中的位置、作用和它的加工方法，然后按以下步骤进行：

（1）主视图的选择。主视图是表达零件的一组图形中的核心，一般应按以下两方面综合考虑。

①零件的安放状态。轴、套、轮、圆盘等零件在机械加工时一般都是轴线水平放置装夹加工，因此，这类零件的主视图应将其轴线水平放置（加工量大的在右端），以便于加工时看图，如图4-1所示。

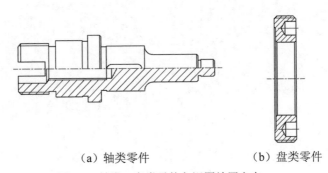

（a）轴类零件 （b）盘类零件

图4-1 轴类、盘类零件主视图放置方向

箱体、叉架等零件形状比较复杂，如加工状态各不相同，则其主视图宜尽可能选择零件的工作状态（在部件中工作时所处的位置）绘制，如图 4-2 所示。

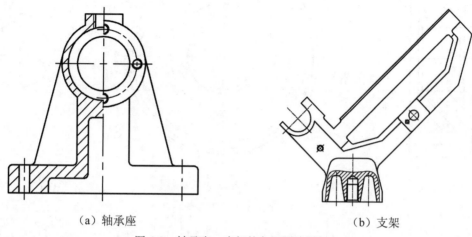

（a）轴承座 （b）支架

图 4-2 轴承座、支架的主视图放置方向

②确定主视图的投射方向。选择主视图投射方向的原则是所画主视图能较明显地反映该零件主要形体的形状特征，如图 4-3 所示。

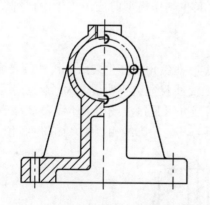 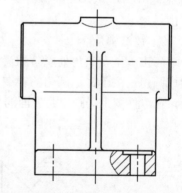

（a）投影方向能较明显反映零件主体形状 （b）投影方向不能较明显反映零件主体形状

图 4-3 轴承座主视图的投影方向

（2）其他视图的选择。

①当主视图上有未表达清楚的部位，则辅以其他视图重点表达需表达的部位。

②其他视图优先选用基本视图以及在基本视图上作剖视。

③视图的确定首先考虑看图方便，在充分表达零件结构形状的前提下，尽量减少视图的数量，力求制图简便。如图 4-4 所示，主视图中键槽的结构未能表达清楚，所以需增加视图表达此结构，比较左视图图 4-4（b）、局部视图图 4-4（c）可以看出，（b）图重复表达的结构较多，（c）图重点、清晰、简洁地表达了此结构。

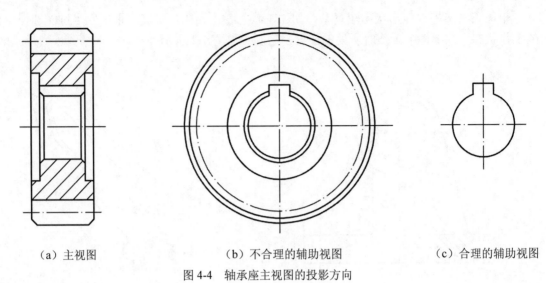

（a）主视图　　　　　　　　　（b）不合理的辅助视图　　　　　（c）合理的辅助视图

图 4-4　轴承座主视图的投影方向

4.1.3　常见的零件工艺结构

1. 铸造工艺结构

（1）起模斜度。

在铸造零件毛坯时，为便于将模型从砂型中取出，零件的内、外壁沿起模方向应有一定的斜度（1:20～1:10），即约 3°～6°。起模斜度在制作模型时应予以考虑，视图上可以不注出。

（2）铸造圆角。

为防止砂型在尖角处脱落和避免铸件冷却收缩时在尖角处产生裂纹，铸件各表面相交处应做成圆角。由于铸造圆角的存在，零件上的表面交线就显得不明显。为了区分不同形体的表面，在零件图上仍画出两表面的交线，称为过渡线（可见过渡线用细实线表示）。过渡线的画法与相贯线的画法基本相同，只是在其端点处不与其他轮廓线相接触，如图 4-5 所示。

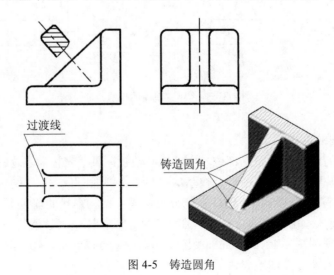

图 4-5　铸造圆角

（3）铸件壁厚。

为了避免浇铸后由于铸件壁厚不均匀而产生缩孔、裂纹等缺陷，应尽可能使铸件壁厚均匀或逐渐过渡。

2．机械加工工艺结构

（1）倒角和倒圆。

为了便于装配和安全操作，轴或孔的端部应加工成倒角；为了避免应力集中而产生裂纹，轴肩处应有圆角过渡，称为倒圆。

（2）退刀槽和越程槽。

加工时为了便于退出刀具或砂轮，常在被加工面的终端预先加工出沟槽，称为退刀槽或越程槽。

4.1.4 零件图的尺寸标注

标注尺寸既要满足设计使用要求，又要符合工艺要求，便于零件的加工和检验。因而要使尺寸标注合理，需要有一定的生产实践经验和有关专业知识。

1．尺寸标注要求

（1）合理选择尺寸基准。零件在长、宽、高三个方向都要至少选择一个尺寸基准。一般常选择零件结构的对称面、回转轴线、主要加工面、重要支承面或结合面作为尺寸基准。

当同一方向不止一个尺寸基准时，根据基准作用的重要性分为主要基准和辅助基准。

（2）影响产品工作性能、精度及互换性的主要尺寸应直接注出。

（3）避免出现封闭尺寸链，即尺寸线不能首尾相接，绕成闭合的一整圈。

（4）符合加工顺序和便于测量，按零件的加工顺序标注尺寸，便于看和测量，有利于保证加工精度。

（5）对于铸造、锻造零件毛面与加工面的尺寸标注，在同一方向上的加工面和非加工面应各选择一个基准分别标注有关尺寸，而两个基准之间只允许有一个联系尺寸 A，如图 4-6 所示。

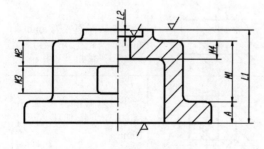 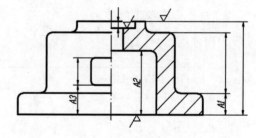

（a）正确标注方法　　　　　　　　　　　（b）错误标注方法

图 4-6　毛面与加工面的尺寸标注

（6）常见结构要素的尺寸标注，有规定的应按规范标注（见 4.1.5）。

2．零件尺寸标注步骤

（1）选择基准。

（2）按照设计和工艺的要求标注尺寸，并注意基本形体的定形尺寸和形体间的定位尺寸的确定。

（3）采用形体分析法检查尺寸标注是否完全。

4.1.5 零件常见结构要素的尺寸标注

1. 倒角的尺寸标注

倒角的尺寸标注如图 4-7 所示，其中 45° 倒角可采用简化标注。倒角和圆角的大小可根据轴孔的大小及倒角的作用来确定，也可参考表 4-1。

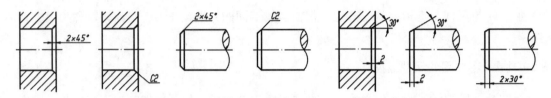

（a）孔与轴的 45° 倒角标注   （b）孔与轴的非 45° 倒角标注

图 4-7　倒角的尺寸标注

表 4-1　零件倒角 C 与圆角半径 R 的推荐值 　　　　　　　　　　　　　　（mm）

直径 d	>6～10		>10～18	>18～30	>30～50		>50～80	>80～120	>120～180
C 或 R	0.5	0.6	0.8	1.0	1.2	1.6	2.0	2.5	3.0

2. 螺孔、光孔和沉孔的尺寸标注

螺孔、光孔和沉孔的尺寸标注，可采用普通标注法，也可简化标注，如图 4-8 所示。

零件结构类型		简化标注	一般标注	说明
光孔	一般孔	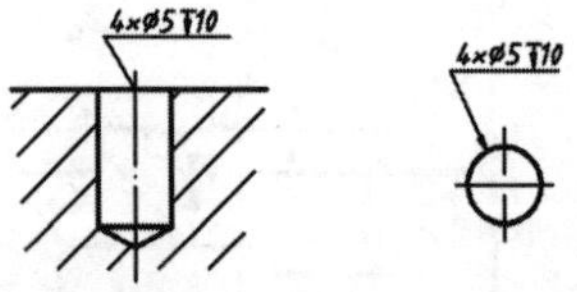 4×φ5▼10　　4×φ5▼10	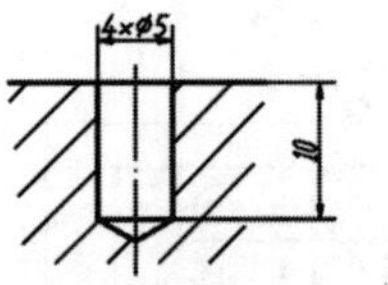 4×φ5	▼深度符号 4×φ5 表示直径为 5mm 均布的四个光孔，孔深可与孔径连注，也可分别注出
	精加工孔	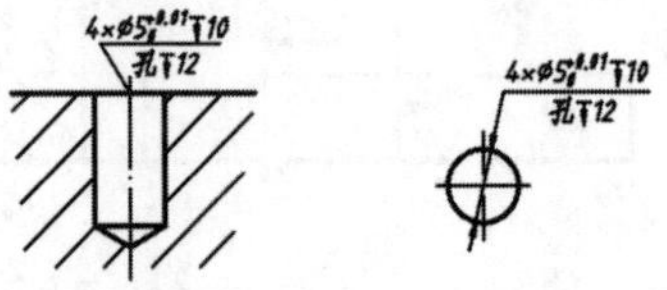 4×φ5⁰·⁰¹▼10 孔▼10　　4×φ5⁰·⁰¹▼10 孔▼12	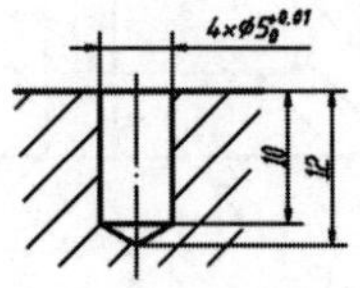 4×φ5⁰·⁰¹	光孔深为 12mm，钻孔后需精加工，精加工深度为 10mm
	锥孔	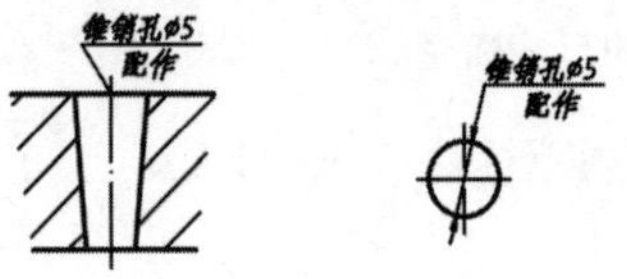 锥销孔φ5 配作　　锥销孔φ5 配作	 锥销孔φ5 配作	与锥销相配的锥销孔，小端直径为φ5。锥销孔通常是两零件装在一起后加工的

图 4-8　螺孔、光孔和沉孔的简化标注和一般标注

零件结构类型		简化标注	一般标注	说明
深孔	锥形沉孔	6×φ7 ∨φ13×90°	90° φ13 6×φ7	∨埋头孔符号 6×φ7 表示直径为φ7mm 均匀分布的六个孔。锥形沉孔可以旁注，也可直接注出
	柱形沉孔	4×φ6 ⊔φ10⊤3.5	φ10 3.5 4×φ6	⊔深孔及锪平孔符号 柱形深孔的直径φ10mm，深度为3.5mm，均需标注
	锪平沉孔	4×φ7 ⊔φ16	φ16 4×φ7	锪平面φ16mm 的深度不必标注，一般锪平到不出现毛面为止
螺孔	通孔	3×M6	3×M6-6H	3×M6 表示公称直径为6mm 的三个螺孔（中径和顶径的公差带代号 6H 省略，不必注出），可以旁注，也可直接注出
	不通孔	3×M6⊤10 孔⊤12	3×M6-6H l0 l2	一般应分别注出螺纹和钻孔的深度尺寸（中径和顶径的公差带代号 6H 不注）

图 4-8　螺孔、光孔和沉孔的简化标注和一般标注（续图）

3. 退刀槽和越程槽的尺寸标注

退刀槽和越程槽的标注，如图 4-9 所示。

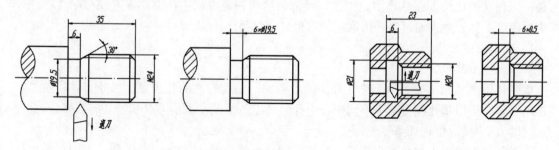

　　（a）车外螺纹及退刀槽的尺寸标注　　　　　　　　　　　（b）车内螺纹及退刀槽的尺寸标注

图 4-9　退刀槽和越程槽的尺寸标注

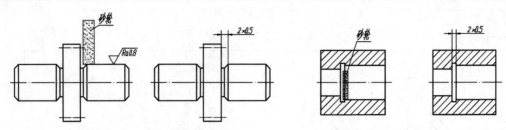

（c）磨外圆及砂轮越程槽的尺寸标注　　（d）磨内孔及砂轮越程槽的尺寸标注

图 4-9　退刀槽和越程槽的尺寸标注（续图）

4. 键槽的尺寸标注

键槽的尺寸标注如图 4-10 所示，其中 L、b、t_1、t_2 可根据键的类型和轴径 d 查键槽尺寸附表（附录 C）。

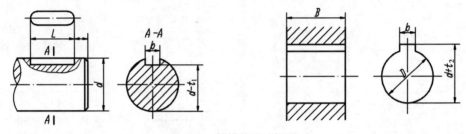

图 4-10　键槽的尺寸标注

4.2　零件的技术要求

　　零件的技术要求就是用规定的符号、代号、标记和文字说明等简明地给出零件制造和检验时所应达到的各项技术指标与要求，如尺寸公差、表面粗糙度和热处理等。

　　重要的配合尺寸应注出极限偏差，加工表面应标注表面粗糙度，为了保证加工及装配精度，还应标出形状及位置公差。

4.2.1　极限与配合

　　确定测绘零件的极限与配合，主要是确定基准制、公差等级、配合的形式。一般方法有两种：一种是类比法，即从作用、工艺、经济、结构、是否采用标准件等方面与原有零件技术类比确定；另一种为通过实测值确定。这里只介绍类比法。

　　1. 基准制的选择

　　（1）优先选用基孔制。

　　优先选用基孔制主要是从工艺、经济性上考虑。精度较高的孔需要定尺寸刀具和量具，而轴不需要。采用基孔制可减少不同配合中孔的公差带数量，减少刀具和量具的规格。

　　（2）以下情况可选择基轴制。

　　①轴的精度要求不高，可直接采用冷拔圆钢（尺寸公差达 IT7～IT10 级，表面粗糙度达 $Ra0.8～3.2\mu m$），外圆不需要再加工的；

　　②因加工和装配对机械结构的要求，需要采用基轴制的，如同一基本尺寸的轴上装上不

同配合性质的孔零件（一轴多孔）。

（3）有标准件的配合，基准制已确定，以标准件为基准。

如图 4-11 所示，滚动轴承内圈与轴的配合为基孔制，外圈与孔的配合为基轴制，在装配图上标注时，滚动轴承的尺寸不标注，只标注轴承座孔及轴的尺寸。

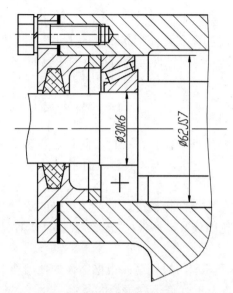

图 4-11 轴承的基准制确定及标注

（4）在特殊情况下可采用非基准制配合，如机器上出现一个非基准孔（轴）与两个或以上轴（孔）要求组成不同性质的配合，其中至少有一个为非基准制配合。

2. 公差等级的确定

类比法确定公差等级是指参考从生产实践中总结出来的经验资料，如设计手册，进行比较选择的方法。选择的基本原则是：在满足使用要求的前提下，尽量选取低的公差等级。可从以下几个方面考虑：

（1）根据零件所处部件的精度高低、零件的作用、配合表面的粗糙度来选取，在这些方面要求越高，则公差等级的级别数值越小。

（2）根据零件的作用和加工表面形式，选择相应应用范围的公差等级。

（3）考虑孔和轴的工艺等价性，对于基本尺寸≤500mm 的配合，当公差≤IT8 时推荐选择孔比轴公差等级低一级，如直径 120mm 的轴为 6 级精度，配合孔为 7 级精度。若不是，则推荐孔、轴用同一公差等级。

此外，还应考虑配合精度的成本等。公差等级选用的参考资料见附录表 B-1、表 B-2。

3. 配合的选择

确定基准制和公差等级后，再确定基本偏差代号，一般从以下几个方面考虑：

（1）根据实测的孔和轴配合间隙或过盈大小，要考虑机器的使用时间及磨损状况。

（2）考虑配合零件组的工作形式对配合类型的要求，具体有以下几点。

①配合件间有相对运动选用间隙配合；

②配合件间对中的精度高选用过渡配合；

③需要经常拆装，考虑间隙大些或过盈小些；

④要考虑工作温度对配合性质的影响；

⑤尽量选择优先配合。

参考资料见附录表 B-3。

4.2.2　表面粗糙度

表面粗糙度是指零件表面的微观几何形状误差的大小，对零件的使用性能，如磨损、配合性质、疲劳强度、接触刚度、耐腐蚀性等都有很大的影响。

测绘中确定表面粗糙度的方法有：比较法、测量仪测量法、类比法。前两者不适于磨损严重的零件表面。

1．比较法

利用已知粗糙度值的粗糙度样板比较，通过人的视觉和触觉来判断。比较时，所用的粗糙度样板的材料、形状和加工工艺尽可能与被测表面相同。

2．测量仪测量法

利用粗糙度测量仪确定被测表面粗糙度，是科学准确的测量方法。常用的测量仪有光切显微镜、干涉显微镜、电动轮廓仪等，需根据被测零件的具体情况选用。

3．类比法

根据经验资料类比选择，其选用原则是：根据零件的使用要求，在首先满足功能要求的前提下，考虑工艺经济性，参数的允许值尽可能大。

在参数选择时，需仔细观察被测表面的粗糙度情况，分析被测表面的作用、加工方法、状态等，根据经验统计资料来初步选定，再比对工作条件作适当调整。调整时考虑以下几点：

（1）同一零件上，工作表面的粗糙度值应比非工作表面小。

（2）摩擦表面粗糙度值比非摩擦表面小。

（3）运动速度高、单位面积压力大、受交变应力作用的重要零件的圆角、沟槽的粗糙度值应小。

（4）同一公差等级时，轴的粗糙度应比孔的小。

（5）表面粗糙度值应与尺寸公差及形位公差协调。

（6）防腐性、密封性要求高、外表美观等表面粗糙度值应较小。

（7）当有标准已对特定配合表面粗糙度要求作出规定，则应按标准规定选用。

参考资料见附录表 B-4、表 B-5。

4.2.3　形状及位置公差

在零件图中，形位公差应采用代号标注，当无法采用代号标注时，允许在技术要求中用文字说明。

1．需标注形位公差表面的确定

（1）重要配合尺寸、要求配合性质不变的都必须按包容要求标注。

（2）要保证装配互换的表面，按最大实体要求标注，即用尺寸公差补偿形位公差。

（3）一般除上述要求外，对形位公差要求特别高，又关系到机器性能的，需按独立原则标出，以方便选择加工工艺。

（4）对于形位公差要求特别低时，也需按独立原则标出，便于经济生产零件。

2．形位公差项目的确定

（1）从保证零件设计性能和使用要求出发来确定形位公差项目。

（2）从各种典型零件的多种加工方法出现的误差种类分析，确定应控制的项目。

（3）参考同类型产品的图样。

3．形位公差数值的确定

（1）一般情况下，表面粗糙度值小于形状公差数值，形状公差数值小于位置公差数值，位置公差数值小于尺寸公差数值（特殊情况如细长轴、薄壁件等例外）。

（2）查 GB 1184－1996 对各项形位公差都规定了标准公差值或者计算数系。

（3）查形状公差与尺寸公差的大致比例关系表，见表 4-2。

表 4-2　形状公差与尺寸公差的大致比例关系

尺寸公差等级	IT5	IT6	IT7	IT8	IT9	IT10	IT11	IT12	IT13	IT14	IT15	IT16
形状公差占尺寸公差的百分比（单位%）												
孔	20～67	20～67	20～67	20～67	20～67	20～67	20～67	20～67	20～67	20～50	20～50	20～50
轴	33～67	33～67	33～67	33～67								

4.2.4　零件常用材料、热处理与表面处理

在机器测绘中，对原机零件材料的确定较困难。通常首先对零件材料进行鉴定，了解零件材料的性能，再根据选择材料的原则确定零件材料。

1．常用金属材料及非金属材料

机器制造中广泛地使用各种金属材料，材料的确定主要根据材料的使用性能、工艺性能和经济性。常用金属材料有：铸铁、钢、有色金属及其合金。常用金属材料及非金属材料其性能特点及适用类型可查阅《机械设计手册》的"常用工程材料"部分。

2．热处理

为了使某些零件具有良好的使用性能或便于进行各种加工，按一定的操作规范对材料加热、保温、冷却以改变其内部组织，而改善材料的力学、物理、化学性能的这一过程即为热处理。常用热处理方法有退火、正火、淬火、调质处理等。

3．表面处理

表面处理通过各种电化学、化学、涂覆处理方法，提高零件表面的硬度、抗腐蚀性、抗氧化性或使零件表面光洁美观。常用表面处理方法有电镀、氧化、抛光、着色等。

4．材料、热处理在图样中的表达

（1）应在标题栏或明细栏中注明零件材料的牌号，如图 4-12 所示。

（2）热处理方法以及通过热处理后零件应达到的要求等，应在零件图的技术要求内写明，局部热处理及表面处理常用特殊表示法标注，也可在技术要求内用文字写明。

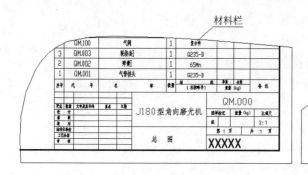

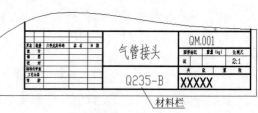

（a）总图零件材料填写于明细栏　　　　　　（b）零件图零件材料填写于标题栏

图 4-12　零件材料在装配图与零件图上的填写位置示例

4.3　标准件测绘

标准件的测绘，只需测量标准件的主要参数后查阅相关标准，写出规定标记即可。

4.4　草图绘制方法

零件草图的绘制一般是在测绘现场进行，在没有绘图工具和不知道被测绘零件尺寸的情况下，徒手绘制近似图形。

1. 绘制零件草图的步骤

（1）确定表达方案、布图，如图 4-13（a）所示。

（2）画出零件各视图的轮廓线，如图 4-13（b）所示。

（3）画出零件各视图的细节和局部结构，如图 4-13（c）所示。

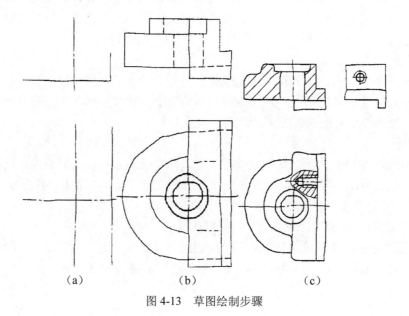

（a）　　　　　　　　（b）　　　　　　　　（c）

图 4-13　草图绘制步骤

（4）测量各部分尺寸，并将实测值标注到草图上，如图 4-14 所示。

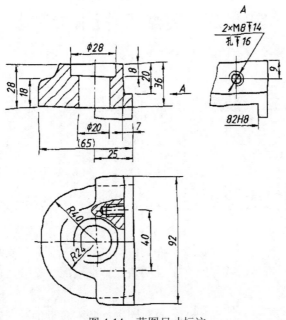

图 4-14　草图尺寸标注

（5）确定各配合表面的配合公差、形位公差、各表面的粗糙度和零件材料。

（6）补齐剖面线，加粗轮廓线。

（7）填写标题栏和技术要求。

（8）校对图形及尺寸。

2. 草图绘制注意事项

（1）优先测绘基础零件，有利于快速测量与基础件相关的其他零件，并及时发现尺寸中的矛盾。

（2）仔细分析，忠于实样，不得凭主观猜测随意更改，特别要注意零件构造上的工艺特征。

（3）草图上允许标注封闭尺寸和重复尺寸，有助于检验测量的准确性。

（4）准备专门的工作记录本，记好工作记录。

第 5 章　装配工作图的绘制

5.1　装配图的图形表达和尺寸标注

5.1.1　装配图的内容

完整的装配图包含以下几部分内容：

（1）一组视图。用来表达机器或部件的工作原理、零件间的装配关系、连接方式及主要零件的结构形状等。

（2）必要的尺寸。标注出与机器或部件的性能、规格、装配和安装有关的尺寸。

（3）技术要求。用符号、代号或文字说明装配体在装配、安装、调试等方面应达到的技术指标。

（4）标题栏、零件序号及明细栏。在装配图上，必须对每个零件编号，并在明细栏中依次列出零件序号、代号、名称、数量、材料等。

5.1.2　装配图的图形表达

1. 装配图的规定画法和特殊画法

（1）装配图的规定画法。

①在装配图中，对于紧固件以及轴、键、销等实心零件，若按纵向剖切，且剖切平面通过其对称平面或轴线时，这些零件均按不剖绘制。如果需要特别表明这些零件上的局部结构，如凹槽、键槽、销孔等，可用局部剖视表示。

②相邻零件的剖面线画法：相邻的两个（或两个以上）金属零件，剖面线的倾斜方向应相反，或者方向一致而间隔不等以示区别，如图 5-1 所示。

（2）装配图的简化画法。

①在装配图中，零件的工艺结构如倒角、圆角、退刀槽等允许省略不画，如图 5-1 所示。

②装配图中对于规格相同的零件组（如螺钉连接），可详细地画出一处，其余用细点画线表示其装配位置，如图 5-1 所示。

③在装配图中，当剖切平面通过某些标准产品的组合件，或该组合件已由其他视图表示清楚时，允许只画出外形轮廓。

④装配图可沿零件的结合面进行剖切和拆卸，如图 5-2 所示为沿轴承上下座间的结合面进行剖切的示例。

⑤单独表示某个零件的画法。在装配图中可以单独画出某一零件的视图，但必须在所画视图的上方注出该零件的视图名称（字母），在相应的视图附近用箭头指明投射方向，并注写同样的字母。

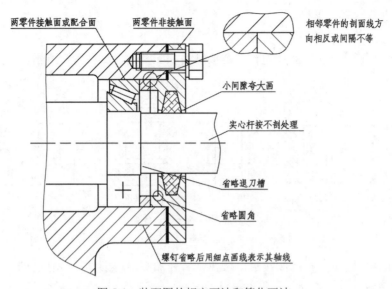

图 5-1 装配图的规定画法和简化画法

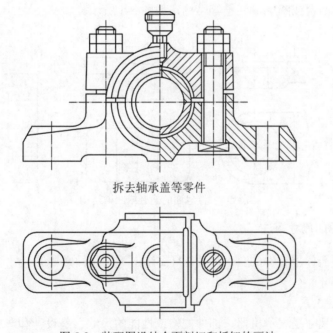

图 5-2 装配图沿结合面剖切和拆卸的画法

（3）装配图的特殊画法。

①套大画法。在装配图中，对于薄片零件或微小间隙以及较小的斜度和锥度，无法按其实际尺寸画出，或图线密集难以区分时，可将零件或间隙适当夸大画出。

②假想画法。为了表示运动零件的运动范围或极限位置，可用粗实线画出该零件的轮廓，再用细双点画线画出其运动范围或极限位置。

③展开画法。在传动机构中，为了表示传动关系及各轴的装配关系，可假想用剖切平面按传动顺序沿各轴的轴线剖开，将其展开、摊平后画在一个平面上（平行于某一投影面）。

2. 常见装配工艺结构

（1）接触面与配合面结构的合理性。

①两个零件在同一方向上只能有一个接触面和配合面，如图 5-3 所示。

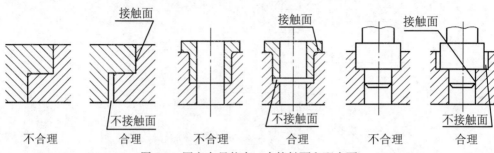

图 5-3　同方向只能有一个接触面和配合面

②为保证轴肩端面与孔端面接触，可在轴肩处加工出退刀槽，或在孔的端面加工出倒角。

（2）改善两零件接触状况、减少加工面。

两零件的接触面都要加工时，为了减少加工面，并保证两零件的表面接触良好，常将两零件的接触面做成凸台或凹坑、凹槽等结构，如图 5-4 所示。

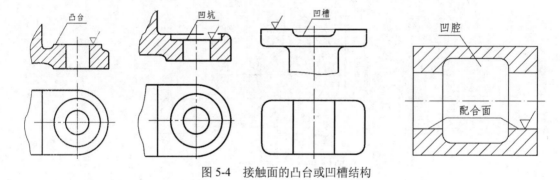

图 5-4　接触面的凸台或凹槽结构

5.1.3　装配图的尺寸标注

在装配图中不需标注零件的全部尺寸，只需注出下列几种必要的尺寸，如图 5-5 所示为单身阀装配图的一部分。

1. 规格（性能）尺寸

规格（性能）尺寸是表示机器、部件规格或性能的尺寸，是设计和选用部件的主要依据，如图 5-5 中序号 1 接头和序号 7 的管螺纹尺寸 $G1\frac{1}{2}$。

2. 装配尺寸

装配尺寸是表示零件之间装配关系的尺寸，如配合尺寸和重要相对位置尺寸，如图 5-5 中各零件间的配合尺寸 25H7/h6、M40。

3. 安装尺寸

安装尺寸是表示将部件安装到机器上或将整机安装到基座上所需的尺寸，如图 5-5 中轴承座底部连接孔的直径及相互位置尺寸。

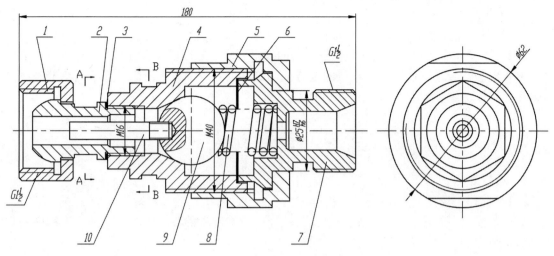

图 5-5　装配图的尺寸标注

4. 外形尺寸

外形尺寸是表示机器或部件外形轮廓的大小，即总长、总宽和总高的尺寸。为计算包装、运输、安装所需空间大小提供依据，如图 5-5 中长、宽尺寸分别为 180、$\phi62$。

除上述尺寸外，有时还要标注其他重要尺寸，如运动零件的极限位置尺寸、主要零件的重要结构尺寸等。

5.2　装配图的技术要求

装配工作图的技术要求从以下几个方面考虑。

1. 装配要求

装配时要注意的事项及装配后应达到的指标等，一般有：

（1）清洗和油漆的要求。如装配前所有零件均需清除铁屑并用煤油或汽油清洗，在配合表面涂上润滑油。零件的未加工表面，如箱体内外表面，应有涂底漆、表面漆等要求。

（2）对安装和调试的要求。特殊的装配方法，如滚动轴承的安装和调试；装配间隙要求，如对齿轮等啮合传动件侧隙和接触斑点的要求。零件间尺寸公差的要求一般直接标注于视图上。

（3）对润滑和密封的要求。如传动件和轴承对所用润滑剂牌号、用量、补充及更换时间的要求；对盖体（箱体）各接触面及轴伸密封处，均不允许漏油，轴伸密封处应涂上润滑脂的要求。

（4）对包装、运输和外观的要求。如机器的外伸轴及零件需涂油并包装严密，运输和装卸时不可倒置等。

2. 试验及检验要求

试验及检验要求是指装配后对机器或部件进行验收时所要求的检验方法和条件。有探伤要求、水压试验、动平衡、空载试验指标要求等，如齿轮箱装配后应按设计和工艺规定进行空载试验。试验时不应有冲击、噪声，温升和渗漏不得超过有关标准规定。

3. 使用要求

（1）对机器在使用、保养、维修时提出的要求，如限速要求、限温要求、绝缘要求等。

（2）设备性能指标。如果是整机安装后的技术要求还应该增加整机的的性能指标。

专项的技术要求一般写在明细表的上方或图纸空余处，要条理清楚、文字简练准确；内容太多时可以另编技术文件。

5.3　装配图的绘制步骤

1. 确定表达方案

（1）选择主视图。

部件的主视图通常按工作位置画出，并选择能反映部件的装配关系、工作原理和主要零件的结构特点的方向作为主视图的投射方向。

（2）选择其他视图。

根据确定的主视图，再考虑反映其他装配关系、局部结构和外形的视图。

2. 画底稿、布置图面，画出作图基准线

（1）根据部件大小、视图数量，定出比例和图纸幅面。

（2）画图框、标题栏、明细表，然后画出各视图的作图基准线（如对称中心线，主要轴线和主要零件的基准面等）。

（3）画视图一般从主视图画起，几个视图配合进行。画每个视图时，应先画部件的主要零件及主要结构，再画出次要零件及局部结构。

3. 完成标注、填写标题栏等其他内容

检查底稿后，画剖面线，标注尺寸，编排零件序号，填写标题栏、明细栏和技术要求。最后将各类图线按规定描深。

第6章 典型零件的测绘

虽然零件的形状结构多种多样，加工方法各不相同，但零件之间有许多共同之处。根据零件的作用、主要结构形状以及在视图表达方法的共同特点和一定的规律性，将零件分为轴套类零件、盘盖类零件、叉架类零件和箱体类零件四大类，这四大类零件常称为典型零件。本章将重点介绍典型零件的作用和结构分析、视图表达方法的选择、零件测绘方法和步骤、零件的材料和技术要求选择等内容。

6.1 轴套类零件的测绘

6.1.1 轴套类零件的作用及结构特点

1. 轴套类零件的作用

轴套类零件是组成机器部件的重要零件之一。轴类零件的主要作用是安装、支承回转零件如齿轮、皮带轮等，并传递动力，同时又通过轴承与机器的机架连接起到定位作用。套类零件的主要作用是定位、支承、导向或传递动力。

2. 轴套类零件的结构

（1）轴类零件的基本形状是回转体，通常由圆柱体、圆锥体、内孔等组成。

（2）轴上常有键槽、销孔、螺纹等标准结构。

（3）为方便加工和安装，还有退刀槽、倒角、中心孔等工艺结构，如图 6-1 所示。

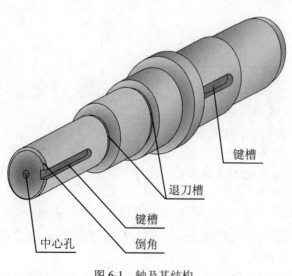

图 6-1 轴及其结构

6.1.2 轴套类零件的图形表达及尺寸标注

1. 轴套类零件的图形表达

主视图：回转体的轴套类零件主要在车床和磨床上加工，装夹时将轴水平放置，因而以轴线放成水平位置作为轴类零件主视图的投影方向。

其他视图：常采用断面图、局部剖视图、局部放大图来表达轴套零件上的键槽、内孔、退刀槽等局部结构。

典型轴类零件图如图 6-2 所示。

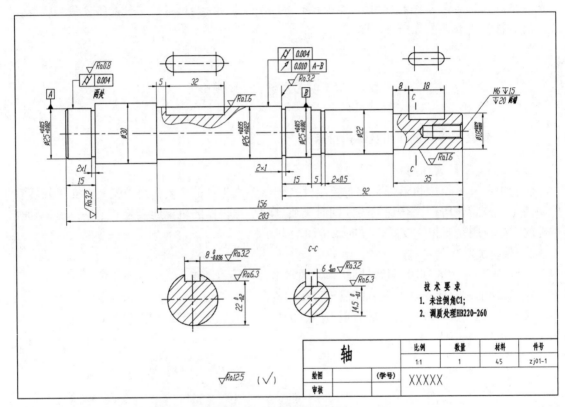

图 6-2 典型轴类零件图

2. 轴套类零件的测量与尺寸标注

（1）轴向尺寸与径向尺寸的测量。

①轴的轴向尺寸一般为非功能尺寸，可用钢直尺、游标卡尺直接测量各段的长度和总长度，然后圆整成整数。轴套类零件的总长度尺寸应直接度量出数值，不可用各段轴的长度累加计算。

②轴的径向尺寸多为配合尺寸，先用游标卡尺或千分尺测量出各段轴径后，根据配合类型、表面粗糙度等级查阅轴或孔的极限偏差表对照选择相对应的轴的基本尺寸和极限偏差值。

（2）标准结构尺寸测量。

①轴套上的螺纹主要起定位和锁紧作用，一般以普通三角形螺纹较多。采用 2.3.2.5 节所示方法测量出大径和螺距后，然后查阅标准螺纹表选用接近的标准螺纹尺寸。

②键槽尺寸主要有：槽宽 b、槽深 t 和长度 l 三种，从键槽的外形就可以判断键的类型。根据测量所得出的 b、t、l 值，结合键槽所在轴段的基本直径尺寸，就可以查表找出键的规格和键槽的标准尺寸，见附表 C。

③销的作用是定位，常用的销有圆柱销和圆锥销。先用游标卡尺或千分尺测出销的直径和长度（圆锥销测量小头直径），然后根据销的类型查表确定销的公称直径和销的长度。

（3）工艺结构尺寸的测量。

轴套零件上常见的工艺结构有退刀槽、倒角和倒圆、中心孔等，先测得这些结构的尺寸，然后查阅有关工艺结构的画法与尺寸标注方法，按照工艺结构标注方法统一标注。

6.1.3　轴套类零件的技术要求

1. 尺寸公差的选择

（1）轴与其他零件有配合要求的尺寸，应标注尺寸公差，可用类比法确定极限尺寸。主要配合轴的直径尺寸公差等级一般为 IT5～IT9 级，相对运动的或经常拆卸的配合尺寸其公差等级要高一些，相对静止的配合其公差等级相应要低一些。

（2）对于阶梯轴的各段长度尺寸可按使用要求给定尺寸公差，或者按装配尺寸链要求分配公差。

（3）套类零件的外圆表面通常是支承表面，常用过盈配合或过渡配合与机架上的孔配合，外径公差一般为 IT6～IT7 级。如果外径尺寸没有配合要求，可直接标注直径尺寸。套类零件的孔径尺寸公差一般为 IT7～IT9 级（为便于加工，通常孔的尺寸公差要比轴的尺寸公差低一等级），精密轴套孔尺寸公差为一般为 IT6 级。

2. 形状公差的选择

（1）轴套类零件通常是用轴承支承在两段轴颈上，这两个轴颈是装配基准，其几何精度（圆度、圆柱度）应有形状公差要求。对精度要求一般的轴颈，其几何形状公差应限制在直径公差范围内，即按包容要求在直径公差后标注。如轴颈要求较高，则可直接标注允许的公差值，并根据轴承的精度选择公差等级，一般为 IT6～IT7 级。轴颈处的端面圆跳动一般选择 IT7 级，对轴上键槽两工作面应标注对称度。

（2）套类零件有配合要求的外表面其圆度公差应控制在外径尺寸公差范围内，精密轴套孔的圆度公差一般为尺寸公差的 1/2～1/3，对较长的套筒零件，除圆度公差外，还应标注圆孔轴线的直线度公差。

3. 位置公差的选择

（1）轴类零件的配合轴径相对于支承轴径的同轴度是相互位置精度的普遍要求，常用径向圆跳动来表示，以便测量。一般配合精度的轴径，其支承轴径的径向圆跳动一般为 0.01～0.03mm，高精度的轴为 0.001～0.005mm，此外，还应标注轴向定位端面与轴线的垂直度。

（2）套类零件内外圆的同轴度要根据加工方法的不同选择精度，如果套类零件的孔是将轴套装入机座后进行加工的，套的内外圆的同轴度要求较低，若是在装配前加工完成的，则套的内孔对套的外圆的同轴度要求较低，一般为 $\phi0.01～\phi0.05$mm。

4. 表面粗糙度的选择

（1）轴套类零件都是机械加工表面，在一般情况下，轴的支承轴颈表面粗糙度等级较高，常选择 $Ra0.8～3.2$，其他配合轴颈的表面粗糙度为 $Ra3.2～6.3$，非配合表面粗糙度则选择

Ra12.5。

（2）套类零件有配合要求的外表面粗糙度可选择 Ra0.8～1.6。孔的表面粗糙度一般为 Ra0.8～3.2，要求较高的精密套的粗糙度可达 Ra0.1。

5. 材料与热处理的选择

（1）轴类零件材料的选择与工作条件和使用要求不同有关，所选择的热处理方法也不同。轴的材料常采用合金钢制造，如 35 号、45 号合金钢，常采用调质、正火、淬火等热处理方法，以获得一定的强度、韧性和耐磨性。不太重要的轴可采用 Q235 等碳素结构钢。

（2）套类零件材料一般用钢、铸铁、青铜或黄铜等，常采用退火、正火、调质和表面淬火等热处理方法。

6.2　盘盖类零件的测绘

6.2.1　盘盖类零件的作用及结构特点

1. 盘盖类零件的作用

盘盖类零件是机器、部件上的常见零件。盘类零件的主要作用是连接、支承、轴向定位和传递动力等，如齿轮、皮带轮、阀门手轮等。盖类零件的主要作用是定位、支承和密封等，如电机、水泵、减速器的端盖等。

2. 盘盖类零件的结构

盘盖类零件的主体结构一般由同一轴线多个扁平的圆柱体组成，直径明显大于轴或轴孔，形似圆盘状。为加强结构连接的强度，常有肋板、轮辐等连接结构，为便于安装紧固，沿圆周均匀分布有螺栓孔或螺纹孔，此外还有销孔、键槽等标准结构，如图 6-3 所示。

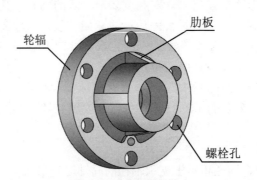

图 6-3　端盖及其结构

6.2.2　盘盖类零件的图形表达及尺寸标注

1. 盘盖类零件的图形

主视图：一般以轴线的水平方向投影来选择主视图，常采用全剖视来表达内部结构。

其他视图：按结构形状及位置再选用一个左视图（或右视图）来表达盘盖零件的外形和安装孔的分布情况。有肋板、轮辐结构的可采用断面图来表达其断面形状，细小结构可采用局部放大图表达，如图 6-4 所示。

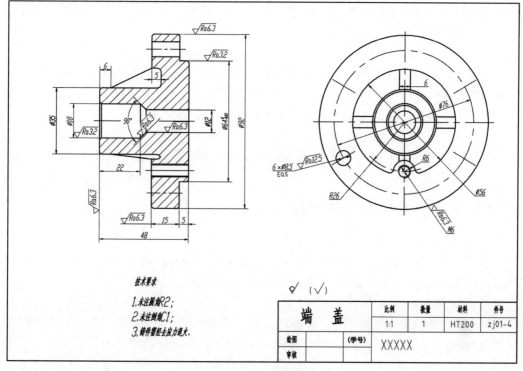

图 6-4 端盖零件图

2. 盘盖类零件的测量与尺寸标注

（1）盘盖零件尺寸测量方法。

①盘盖零件的配合孔或轴的尺寸要用游标卡尺或千分尺测量，再查表选用符合国家标准推荐的基本尺寸系列，如轴与轴孔尺寸、销孔尺寸、键槽尺寸等。

②一般性的尺寸如盘盖零件的厚度，铸造结构尺寸可直接度量。

③标准件尺寸，如螺纹、键槽、销孔等测出尺寸后还要查表确定标准尺寸。

（2）盘盖零件尺寸标注。

①盘盖类零件在标注尺寸时，通常以重要的安装端面或定位端面（配合或接触表面）作为轴向尺寸主要基准。以中轴线作为径向尺寸主要基准。

②工艺结构尺寸如退刀槽和越程槽、油封槽、倒角和倒圆等，要按照通用标注方法标注。

6.2.3 盘盖类零件的技术要求

1. 尺寸公差的选择

盘盖零件有配合要求的轴与孔要标注尺寸公差，按照配合要求选择基本偏差，公差等级一般为 IT6～IT9 级。

2. 形位公差的选择

盘盖零件与其他零件接触的表面应有平面度、平行度、垂直度要求。外圆柱面与内孔表面应有同轴度要求，一般为 IT7～IT9 级精度。

3. 表面粗糙度的选择

一般情况下，盘盖零件有相对运动的配合表面粗糙度为 $Ra0.8～1.6$，相对静止的配合表面

粗糙度为 $Ra3.2\sim6.3$，非配合表面的粗糙度为 $Ra6.3\sim12.5$。许多盘盖零件非配合表面是铸造面，则不需要标注参数值。

4. 材料与热处理的选择

盘盖零件可用类比法或检测法确定零件材料和热处理方法。盘盖零件坯料多为铸、锻件，不重要零件的铸件材料多为 HT150$\sim$200，一般不需要进行热处理，但重要的、受力较大的锻造件常用正火、调质、渗碳和表面淬火等热处理方法。

6.3　叉架类零件的测绘

6.3.1　叉架类零件的作用及结构特点

1. 叉架类零件的作用

叉架类零件如拨叉、连杆、杠杆、摇臂、支架和轴承座等，常用在变速机构、操纵机构、支承机构和传动机构中，起到拨动、连接和支承传动的作用。

2. 叉架类零件的结构

叉架类零件一般是由连接部分、工作部分和安装部分三部分组成，多为铸造件和锻造件，表面多为铸锻表面；叉架类零件的外形及其结构如图 6-5 所示，具体说明如下。

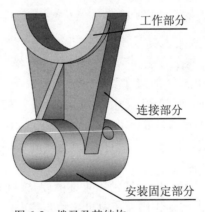

图 6-5　拨叉及其结构

（1）零件上的机加工面一般有孔、接触平面。

（2）连接部分为保证强度，一般由工型、T 型或 U 型肋板结构组成。

（3）工作部分常是圆筒状，上面有较多的细小结构，如油孔、油槽、螺孔等。

（4）安装部分一般为板状，上面布有安装孔，常有凸台和凹坑等工艺结构。

6.3.2　叉架类零件的图形表达及尺寸标注

1. 叉架类零件的图形表达

主视图：一般按照工作位置、安装位置或形状特征位置综合考虑来确定主视图投影方向。

其他视图：由于叉架零件的连接结构常是倾斜或不对称的，还需要采用斜视图、局部视图、局部剖视图等组成一组视图的方法表达，肋板一般用断面图表达，如图 6-6 所示。

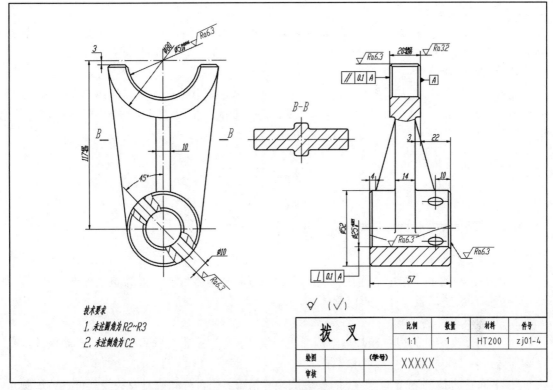

图 6-6　拨叉零件图

2．叉架类零件的测量与尺寸标注

（1）零件的尺寸测量。

①由于拨叉的支承孔和安装底板是重要的配合结构，支承孔的圆心位置和直径尺寸，底板及底板上的安装孔尺寸应采用游标卡尺或千分尺精确测量，测出尺寸后加以圆整或查表选择标准尺寸。

②其余一般尺寸可直接度量取值。

（2）零件的尺寸标注。

①在标注尺寸时，一般是选择零件的安装基面或零件的对称面作为主要尺寸基准。工作部分上的各个细部结构以工作部分的中心线（如圆筒轴线）作为辅助尺寸基准来标注定位尺寸。

②工艺结构、标准件如螺纹、退刀槽和越程槽、倒角和倒圆等，测出尺寸后还要按照规定标注方法标注，螺纹等标准件还要查表确定标准尺寸。

6.3.3　叉架类零件的技术要求

1．尺寸公差的选择

叉架零件工作部分有配合要求的孔要标注尺寸公差，按照配合要求选择基本偏差，公差等级一般为 IT7～IT9 级。配合孔的中心定位尺寸常标注有尺寸公差。

2．形位公差的选择

叉架零件的安装底板与其他零件接触到的表面应有平面度、垂直度要求，支承内孔轴线应有平行度要求，一般为 IT7～IT9 级精度，可参考同类型的叉架零件图选择。

3. 表面粗糙度的选择

一般情况下，叉架零件支承孔表面粗糙度为 *Ra*3.2～6.3，安装底板的接触表面粗糙度为 *Ra*3.2～6.3，非配合表面粗糙度为 *Ra*6.3～12.5，其余表面都是铸造面，不作要求。

4. 材料与热处理的选择

叉架零件可用类比法或检测法确定零件材料和热处理方法。叉架零件坯料多为铸锻件，材料为 HT150～200，一般不需要进行热处理，但重要的、作周期运动且受力较大的锻造件常用正火、调质、渗碳和表面淬火等热处理方法。

6.4 箱体类零件的测绘

6.4.1 箱体类零件的作用与结构特点

1. 箱体类零件的作用

箱体类零件的主要作用是连接、支承和封闭包容其他零件，一般为整个部件的外壳，如减速器箱体、齿轮油泵泵体、阀门阀体等。

2. 箱体类零件的结构

（1）箱体类零件的内腔和外形结构都比较复杂，箱壁上带有轴承孔、凸台、肋板等结构，安装部分还有安装底板、螺栓孔和螺孔。

（2）为符合铸件制造工艺特点，安装底板、箱壁、凸台外轮廓常有拔模斜度、铸造圆角、壁厚等铸造件工艺结构，如图 6-7 所示。

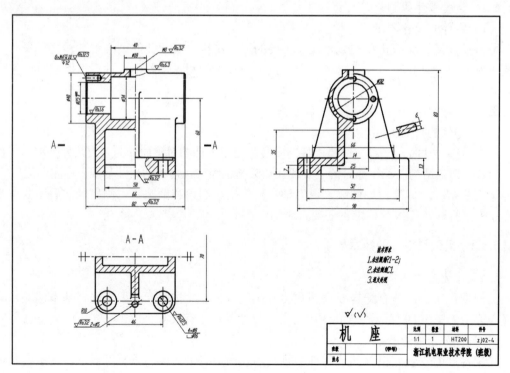

图 6-7 机座零件图

6.4.2　箱体类零件的图形表达及尺寸标注

1. 箱体类零件的视图选择

箱体类零件的视图选择主要根据箱体零件的工作位置加形状特征原则综合考虑，通常需要三个到四个基本视图，并采用全剖视、局部剖视来表达箱体的内部结构。局部外形还常用局部视图、斜视图和规定画法来表达。

2. 箱体类零件的测量与尺寸标注

（1）箱体零件的测量。

箱体类零件的测量方法应根据各部位的形状和精度要求来选择。

①对于一般要求的线性尺寸可直接用钢直尺或钢卷尺度量，如泵体的总长、总高和总宽等外形尺寸。

②对于泵体上的光孔和螺孔深可用游标卡尺上的深度尺来测量。

③对于有配合要求的孔径如支承孔及其定位尺寸，要用游标卡尺或千分尺精确度量，以保证尺寸的准确、可靠。

④箱体零件上的凸缘较难测量，最简便的是采用拓印法，不平整无法拓印的，也可采用铅丝法，用铅丝紧紧贴于凸缘壁上，仿出轮廓，再将铅丝放于白纸上描出。

（2）箱体零件的尺寸标注。

①由于箱体类零件结构复杂，在标注尺寸时，确定各部分结构的定位尺寸很重要，因此要选择好各个方向的尺寸基准，一般是以安装表面、主要支承孔轴线和主要端面作为长度和高度方向的尺寸基准，具有对称结构的以对称面作为尺寸基准。

②箱体零件的定形尺寸直接标出，如长、宽、高、壁厚、各种孔径及深度、沟槽深度、螺纹尺寸等。定位尺寸一般从基准直接注出。

③对影响机器或部件工作性能的尺寸应直接标出，如轴孔中心距。

④箱体的工艺结构标注。

标准件如螺纹、退刀槽和越程槽、倒角和倒圆等，测出尺寸后还要按照规定标注方法标注，螺纹等标准件还要查表确定其标准尺寸。

铸造圆角的半径大小，必须与箱体的相邻壁厚及铸造工艺方法相适应。表 6-1 可作为选用铸造圆角半径的参考。

表 6-1　铸造圆角半径 R 值

$\dfrac{a+b}{2}$	≤8	9～12	13～16	17～20	21～27	28～35	36～45	46～60
铸铁	4	6	6	8	10	12	16	20
铸钢	6	6	8	10	12	16	20	25

起模斜度一般标注在技术要求中，用度数表示，如"起模斜度为 1°～3°"。

6.4.3　箱体类零件的技术要求

1. 尺寸公差的选择

箱体零件用来支承、包容、安装其他零件，为保证机器或部件的性能和精度，对箱体零件就要标注一系列的技术要求。主要包括箱体零件上各支承孔和安装平面的尺寸精度、形位精度、表面粗糙度要求以及热处理、表面处理和有关装配、试验等方面的要求。

箱体零件上有配合要求的主轴承孔要标注较高等级的尺寸公差，按照配合要求选择基本偏差，公差等级一般为 IT6、IT7 级。在实际测绘中，尺寸公差也可采用类比法参照同类型零件的尺寸公差选用。

2. 形位公差的选择

箱体零件结构形状比较复杂，要标注形位公差来控制零件形体的误差，在测绘中可先测出箱体零件上的形位公差值，再参照同类型零件的形位公差进行确定。

3. 表面粗糙度的选择

箱体零件加工面较多，一般情况下，箱体零件主要支承孔表面粗糙度等级较高，为 $Ra0.8 \sim 1.6$，一般配合表面粗糙度为 $Ra1.6 \sim 3.2$，非配合表面粗糙度为 $Ra6.3 \sim 12.5$，其余表面都是铸造面，可不作要求。

4. 材料与热处理的选择

由于箱体零件形状结构比较复杂，一般先铸造成毛坯，然后再进行切削加工。根据使用要求，箱体材料可选用 HT100 ~ 300 之间各种牌号的灰口铸铁，常用牌号有 HT150、HT200。某些负荷较大的箱体，可采用铸钢件铸造而成。

为避免箱体加工变形，提高尺寸的稳定性，改善切削性能，箱体零件毛坯要进行时效处理。

6.5　齿轮零件的测绘

6.5.1　齿轮零件的作用与结构特点

1. 齿轮的作用

齿轮主要用于齿轮传动，其功用是按规定的速比传递运动和动力，是现代机械中一种常见的重要基础零件，应用非常广泛，类型有圆柱齿轮、直齿锥齿轮、斜齿锥齿轮、蜗轮蜗杆等。

2. 齿轮零件的结构

齿轮一般为回转体，为盘状、柱形或锥形，通过中心的孔与轴相联接，并有键槽、花键、销孔等结构。

6.5.2　齿轮零件的图形表达及尺寸标注

1. 齿轮的视图选择

齿轮一般为回转体，因而通常采用一个主视图，主视图采用半剖或全剖表达内部结构，并采用局部视图表达键槽等局部结构，如图 6-8 所示。

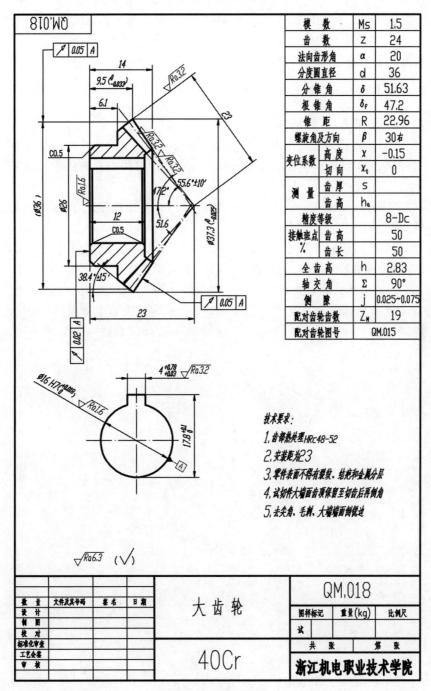

模　数	Ms	1.5
齿　数	Z	24
法向齿形角	α	20
分度圆直径	d	36
分锥角	δ	51.63
根锥角	δf	47.2
锥　距	R	22.96
螺旋角及方向	β	30 右
变位系数 高　度	χ	-0.15
切　向	χt	0
测　量 齿　厚	s	
齿　高	ha	
精度等级		8-Dc
接触斑点 齿　高		50
% 齿　长		50
全齿高	h	2.83
轴交角	Σ	90°
侧　隙	j	0.025~0.075
配对齿轮齿数	Zм	19
配对齿轮图号		QM.015

技术要求:
1. 齿部热处理 HRc48-52
2. 安装距为23
3. 零件表面不得有裂纹、结疤和金属分层
4. 试切件大端面齿顶保留至切齿后再倒角
5. 去尖角、毛刺、大端端面倒锐边

大齿轮　QM.018

40Cr　浙江机电职业技术学院

图 6-8　齿轮零件图

2. 齿轮的尺寸标注

（1）齿轮零件的测量。

见 2.3.2.5 节标准件、常用件的测量。

（2）齿轮零件的尺寸标注。

①齿轮的轮齿参数尺寸标注仅在轮齿的视图上标注主要尺寸（齿顶圆直径、分度圆直径），

其他参数标注在图形右上角的参数栏中，并注明配对齿轮的齿数和图号。

②齿轮如果是键联接，键槽或花键结构尺寸均标注于能表达其轮廓的局部视图上，需按键结构的特殊规范要求进行标注，公差可查表。

6.5.3　齿轮零件的技术要求

根据齿轮传动的要求，齿轮的精度要求有：

（1）运动精度：其转角误差不得超过一定范围。

（2）工作平稳性：为减少冲击、振动和噪声，齿轮任意齿内瞬时传动比的变化在一定范围内。

（3）接触精度：为保证啮合的齿面接触良好，避免齿面的接触压强过大，规定齿轮传动中啮合的接触面积在一定的范围之内。

（4）齿侧间隙：在齿轮传动中，为储存润滑油，补偿齿轮受力变形和热以及齿轮制造和安装误差，需留有一定齿侧间隙来保证。由齿厚的上偏差和齿厚的下偏差来控制。

通常这 4 个方面要求由机器传动功率、使用条件、传动用途等共同决定。

齿轮的精度要求、形位公差要求、表面粗糙度要求均可根据上述内容，并参考齿轮设计手册来确定。

第7章 典型部件测绘案例

7.1 齿轮油泵测绘任务书

齿轮油泵测绘任务书如表 7-1 所示。

表 7-1　齿轮油泵测绘任务书

内容	齿轮油泵测绘		
班级		时间	
地点			
指导老师			
实训内容及日程安排			
时间	内容		
x 月 x 日	上午	指导老师布置任务： 1．介绍齿轮油泵的工作原理、结构； 2．以右泵盖为例，介绍零件的工艺结构； 3．全班分 x 组： 每组一副模型、一把游标卡尺； 每人 4 张 A2 纸、3 张 A3 草图纸； 4．布置工作量。 每人完成测绘资料： 表：装配示意图 1 张；零件草图 1 套；装配图 1 张；零件工作图 1 套		
	下午	1．了解和分析机械（部件）； 2．拆卸零件； 3．绘制装配示意图 1 张； 4．绘制零件草图（标准件除外）； 5．测量并记录尺寸数据； 6．草拟技术要求、确定材料等； 7．查阅资料，确定标准件的规格及其标注代号，确定零件上的工艺结构尺寸； 8．复原装配体。 （以上工作在第二日上午完成）		
x 月 x 日 ～ x 月 x 日	1．绘制装配草图； 2．绘制装配图； 3．绘制零件工作图。		

续表

内容		齿轮油泵测绘	
x 月 x 日	上午	写测绘报告书一份。要求： 1．说明部件的作用及工作原理； 2．分析部件装配图表达方案的选择理由，并说明各视图的表达意义； 3．说明部件各零件的装配关系以及各种配合尺寸的表达含义，主要零件结构形状的分析，零件之间的相对位置以及安装定位的形式； 4．说明装配图技术要求的类型以及表达含义； 5．装配图尺寸的种类，这些尺寸如何确定和标注； 6．测绘实训的体会与总结。	
	下午	上交给指导老师测绘档案袋，内含：	

1	齿轮油泵测绘任务书 齿轮油泵测绘指导书	1 份
2	装配示意图	1 张
3	零件草图	3 张
4	装配图	1 张
5	零件工作图	1 套
6	测绘小结	1 份

7.2　齿轮油泵的测绘

7.2.1　测绘准备

（1）首先测绘工作应在有钳工工作台的拆装室进行。

（2）准备好拆卸零件的工具。

（3）准备好放置零件的货架及铁皮盘，如果是未拆卸过的齿轮油泵，还需准备接存润滑油的桶。

（4）准备好说明书、其他参考资料及所需文具。

7.2.2　了解和分析部件

齿轮油泵是各种机械润滑和液压系统的输油装置，用来给润滑系统提供压力油。齿轮油泵一般由一对齿数相同的齿轮、传动轴、轴承、端盖和壳体组成，如图 7-1 所示。

传动齿轮将运动和动力通过键和主动齿轮轴传递给主动齿轮，主动齿轮又带动从动齿轮旋转，主动齿轮和从动齿轮间的啮合点（线）把齿轮、泵体和泵盖等形成的密封空间分为两个区域。当齿轮按图 7-2 所示方向旋转时，右侧油腔两齿轮的轮齿逐渐分离，密封工作容积逐渐增大，形成一定真空，在大气压力的作用下，将油压入该油腔。被吸到齿间的油液，随着齿轮旋转而带到左侧油腔，在此腔中的齿轮是逐渐进入啮合，使密封工作空间逐渐缩小，油压升高，得到的压力油从出油口送到润滑部分。

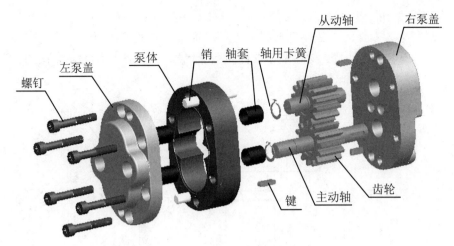

图 7-1　齿轮油泵爆炸图

图 7-2 为齿轮泵工作原理简图。

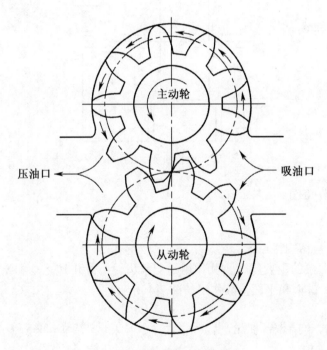

图 7-2　齿轮油泵工作原理图

7.2.3　拆卸和画装配示意图

1. 齿轮泵的拆卸顺序

（1）从左泵盖处拧下螺栓，敲出定位销，将泵盖从泵体上卸下。

（2）从泵体中取出轴和齿轮，泵体与右泵盖自然分离。

（3）用专用卡钳将轴用卡簧取下，卸下齿轮、键。

（4）轴套、油封因装配较紧，可不必拆下。

2. 画装配示意图

根据拆卸所见各零件的大致轮廓形状和相对位置关系，按机构简图符号标准要求画出装配示意图，并记入名称、件数、材料及标准件的标准代号。图7-3所示为示意图的图形部分参考图。

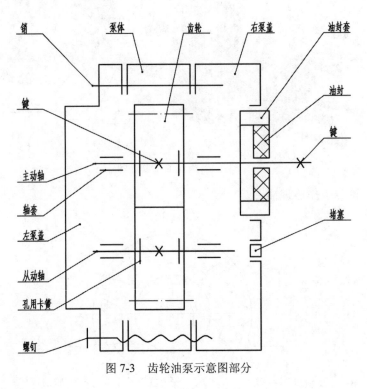

图 7-3　齿轮油泵示意图部分

7.2.4　绘制零件草图

1. 主动轴

（1）轴的作用与结构特点。

主动轴为齿轮油泵的主要零件，其作用是支承齿轮，并传递运动和扭矩。主动轴为回转体，轴上有环形槽、键槽和平面，其作用如图7-4所示。

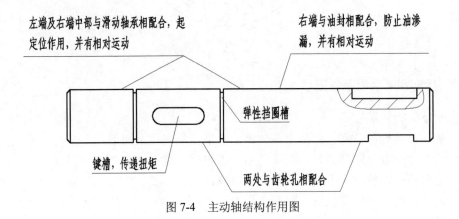

图 7-4　主动轴结构作用图

（2）视图选择。

回转体类按加工位置放置，以轴向水平放置作为主视图，通过断面及局部视图表达键槽等局部结构，退刀槽与轴肩必要时取放大图，以便标注尺寸。

（3）尺寸标注。

首先分析确定尺寸基准，轴的轴向尺寸基准一般选择以轴的定位端面（与齿轮的接触面，也称轴肩端面）为主要基准，根据结构和工艺要求，选择轴的两头端面为辅助基准。轴的径向尺寸（直径尺寸）是以中轴线为主要基准。

功能尺寸直接标注，其余按加工顺序标注。键槽及弹性挡圈槽的尺寸及公差需测量后再查表，根据表中数据填写。

测量时，尺寸要测量完全，因而有封闭尺寸链存在，如图 7-5 所示。

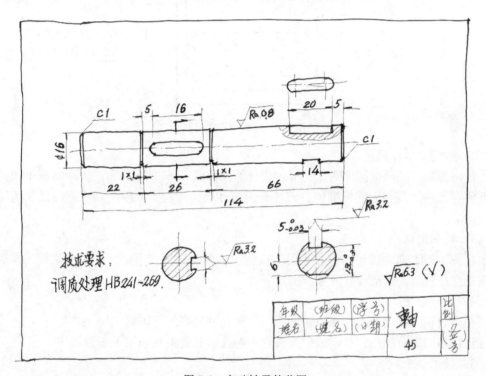

图 7-5　主动轴零件草图

（4）技术要求。

技术要求需根据部件及轴在部件中的重要性、图 7-4 所示结构功用，以及加工经济性等来确定。

轴与齿轮配合公差取 H7/f6，表面粗糙度取 Ra1.6 或 Ra0.8；轴与轴套配合段直径尺寸和与齿轮配合段相同，为方便加工，公差及粗糙度同前；键槽工作面（侧面）的粗糙度取 Ra3.2，其余各面粗糙度取 Ra6.3 或 Ra12.5（注：标注时，只能标注其中之一）。

（5）材料及热处理。

泵轴是传动轴，材料一般采用 45 号优质碳素钢，粗加工后采用调质处理，硬度为 HB241～269，以增加材料硬度及综合性能。

（6）主动轴零件草图如图 7-5 所示。

2. 齿轮

（1）齿轮的作用与结构特点见图7-6。

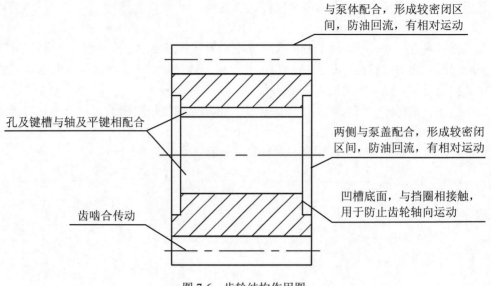

与泵体配合，形成较密闭区间，防油回流，有相对运动

孔及键槽与轴及平键相配合

两侧与泵盖配合，形成较密闭区间，防油回流，有相对运动

凹槽底面，与挡圈相接触，用于防止齿轮轴向运动

齿啮合传动

图7-6　齿轮结构作用图

（2）齿轮测量计算模数。

①数出齿数；②测量齿顶圆；③用公式计算出模数 m，并将计算出的 m 与标准模数表中的标准值对照，取其相近的标准值。若计算值与标准值相差太大时，则可能是变位齿轮或是径节齿轮。

（3）视图选择。

主视图投射方向为齿轮的圆柱侧面，键槽向上取全剖视，再画一个仅反映轴孔和键槽的局部剖视作左视图，键槽尺寸要查表核对。

（4）尺寸标注。

圆柱齿轮轴向尺寸基准选择齿轮端面，径向尺寸基准选择轴线。

标注齿顶圆和分度圆直径，齿根圆直径不标注，其他参数填写于参数表中。

（5）技术要求。

齿轮加工精度要求高，可根据结构作用分析，用类比法参考同类型的零件图或查阅有关资料选择技术要求，如表7-2、表7-3所示。

表7-2　圆柱齿轮形位公差参考项目表

内容	项目	对工作性能的影响
形状公差	齿轮轴孔的圆度	影响传动零件与轴配合的松紧及对中性
	齿轮轴孔的圆柱度	
位置公差	以齿顶圆为测量基准时，齿顶圆的径向圆跳动	影响齿厚测量精度，并在切齿时产生相应的齿圈径向跳动误差
	基准端面对轴线的端面圆跳动	影响齿轮、轴承的定位及受载的均匀性
	键槽侧面对轴心线的对称度	影响键侧面受载的均匀性

表 7-3　圆柱齿轮主要表面粗糙度参考表

加工表面		精度等级	6	7	8	9
轮齿工作面	法向模数≤8	表面粗糙度 Ra 值	0.4	0.8	1.6	3.2
	法向模数>8		0.8	1.6	3.2	6.3
齿轮基准孔（轮毂孔）			0.8	1.6	1.6	3.2
齿轮基准直径			0.4	0.8	1.6	1.6
与轴肩接触的端面			1.6	3.2	3.2	3.2
平键槽			3.2（工作面），6.3（非工作面）			
齿顶圆	作为基准		1.6	3.2	3.2	6.3
	不作为基准		6.3～12.5			

确定公差与粗糙度：孔径尺寸公差带取 H7，粗糙度取 $Ra1.6$；齿顶圆直径尺寸公差带取 f6，粗糙度取 $Ra0.8$，齿面取 $Ra1.6$；齿轮厚度公差带取 f6，粗糙度取 $Ra0.8$；键槽工作面（侧面）取 $Ra3.2$，其余取 $Ra6.3$ 或 $Ra12.5$。

形状和位置公差用符号按下列项目标注在图上：齿轮分度圆相对孔轴线的径向圆跳动为 0.012mm；齿顶圆轴线相对孔轴线的同轴度为 $\phi0.008$mm；齿轮两侧面间的平行度为 0.012mm；孔轴线相对齿轮侧面的垂直度要求为 0.01mm。

齿轮加工的精度取 7FL 级。

（6）材料及热处理。

齿轮一般采用 45 号钢或 ZG340～640，齿部表面淬火 HRC40～50，以提高齿轮硬度。

3．泵体

（1）泵体的作用与结构特点。

泵体是齿轮油泵的主要零件，由它将轴、齿轮、泵等零件组装在一起，起到包容作用，如图 7-7 所示。

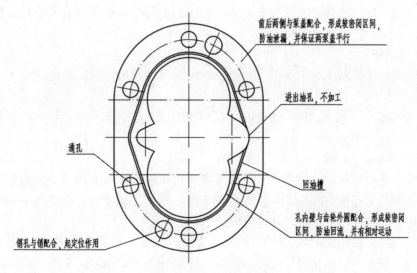

图 7-7　泵体结构作用图

（2）视图选择。

壳体类零件按工作位置平放，以显示结构特征的一面作主视图，表达外部轮廓；采用左视图表达其内部结构。

（3）尺寸标注。

泵体为对称图形，安装面为左右两侧面。标注时以左右上下对称面为尺寸基准，两齿轮孔中心轴线为辅助基准，宽度方向基准为一侧面。

标注尺寸时要注意在圆周分布的孔的定位尺寸的标注，还必须注意配合尺寸，连接的相关尺寸要统一。如容纳齿轮的内框直径和深度，两孔的中心距离都与齿轮有关，螺纹孔的定位圆与泵盖相同等。

（4）技术要求。

泵体两轴孔中心距尺寸精度要求较高，其尺寸误差直接影响齿轮传动精度和工作性能，有相对运动配合的零件的形状、位置都要标注形位公差，如为了保证两齿轮正确啮合运转，泵体上两齿轮孔的轴线相对轴的安装孔轴线应有同轴度要求，齿轮端面与泵体结合面有垂直度要求，进出油孔轴线与底板底面有平行度要求等。泵体零件上的尺寸公差、表面粗糙度、形位公差等技术要求可采用类比法参考同类型零件图或其他资料选择，确定如下。

公差与表面粗糙度：与齿轮配合的孔直径公差带取 H7，粗糙度取 $Ra1.6$，与泵盖的结合面取 $Ra0.8$，两轴孔中心距公差取 ± 0.015。

形状和位置公差用符号按下列项目标注在图上：两轴孔的轴线间平行度公差为 $\phi 0.015$；轴孔对泵盖结合面的垂直度公差为 $\phi 0.015$；与泵盖结合的两结合面间的平行度公差为 0.03。

文字说明：应有对铸件的要求，如①未注铸造圆角为 $R3 \sim R5$；②铸件不得有缩孔、夹渣等缺陷；③未注铸造起模斜度不大于 1/20；④$2 \times \phi 10$ 销孔与泵盖配作（注：$\phi 10$ 为销孔的尺寸）。

（5）材料及热处理。

泵体一般选用铸件，采用 HT200，铸件应经退火处理。

4. 右泵盖

（1）右泵盖的作用与结构特点。

右泵盖与泵体形成腔体，支承轴及轴上齿轮，两者间以销和螺钉定位连接。结构作用如图 7-8 所示。

（2）视图选择。

视图表达同泵体相同，对于呈 V 型的两润滑油孔再单独用剖视图表达。

（3）尺寸标注。

尺寸标注的基准同泵体相同。与轴套、泵体配合或相接触部分的结构尺寸要与轴套泵体的相关尺寸吻合。

（4）技术要求。

尺寸公差、表面粗糙度、形位公差等技术要求可采用类比法参考同类型零件图或其他资料选择。如轴套与轴孔没有相对运动，对中要求高，采用过盈配合，泵盖与泵体的外轮廓尺寸相同，与销为少量过盈配合等，具体确定如下。

公差与粗糙度：轴孔（$\phi 18$、$\phi 50$）的尺寸公差带取 H7，粗糙度取 $Ra1.6$；与泵座的结合面取 $Ra0.8$ 以保证有良好的密封性。定位销孔（$2 \times \phi 10$），取 $Ra0.8$。装油封套和轴套处配合采用基孔制，孔公差带都取 H7，粗糙度取 $Ra1.6$，装油封套方向的端面取 $Ra12.5$；轴孔（$\phi 18$）

的轴线对结合面的垂直度公差取 ϕ0.015，两轴线的平行度公差取 ϕ0.015，以保证轴、齿轮、泵体间的装配精度要求。（注：括号内尺寸为某规格齿轮泵零件测绘尺寸。）

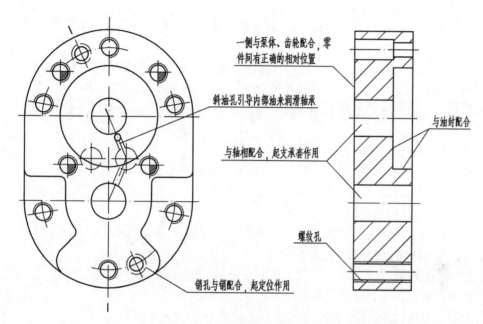

一侧与泵体、齿轮配合，零件间有正确的相对位置

斜油孔引导内部油来润滑轴承

与轴相配合，起支承套作用

与油封配合

螺纹孔

销孔与销配合，起定位作用

图 7-8　右泵盖结构作用图

文字说明：应有对铸件的要求，如①未注铸造圆角为 R3～R5；②铸件不得有缩孔、夹渣等缺陷；③2×ϕ10 销孔与泵盖配作。

（5）材料。

泵盖为铸件，选用 HT200。

5．油封套

（1）油封套的结构及作用。

装于泵盖上，分别与泵盖、油封配合，用于安装油封件。

（2）视图选择。

油封套为回转体，主视图以孔的轴线水平放置，作全剖视表达内部孔。

（3）尺寸标注及技术要求。

与泵盖配合部分相关尺寸要统一，两者间采用过盈配合。尺寸公差、表面粗糙度、形位公差等技术要求可采用类比法参考同类型零件图或其他资料选择。

公差与粗糙度：与泵盖间无相对运动，并需保证密封，与泵盖配合的外圆（ϕ50）公差带取 r6，粗糙度取 Ra1.6；与油封配合的内孔（ϕ35）公差带取 H8，粗糙度取 Ra1.6，端面取 Ra6.3。

（4）材料。

选用普通碳素结构钢 Q235。

6．轴套

（1）轴套的结构及作用。

轴套共有 4 个，主动轴和从动轴各 2 个。

轴套装于泵盖上，用于支承泵轴。

（2）视图选择。

轴套为回转体，轴线平放作半剖或全剖视图。

（3）尺寸标注及技术要求。

尺寸公差、表面粗糙度、形位公差等技术要求可采用类比法参考同类型零件图或其他资料进行选择。

公差与粗糙度：配合采用基孔制，与泵体间无相对运动，考虑装配方便，采用很少间隙，外径取 n6；与轴有相对运动，内孔公差带取 H7。内外径的粗糙度均取 $Ra1.6$，其余取 $Ra3.2$。

形状和位置公差用符号按下列项目标注在图上：轴套外圆面相对轴套孔的同轴度公差为 $\phi 0.008mm$。

（4）材料。

与轴有相对运动，采用耐磨的锡青铜 ZQSn5-5-5，这也是常用的轴套材料。

7. 堵塞

（1）堵塞的结构及作用。

为方便加工，泵盖上的轴孔加工成通孔，用堵塞将其封闭，所以其与泵盖过盈配合且不可有缝隙，可起到密封作用，不需取下。

（2）视图选择。

堵塞为回转体，选择轴线平放的视图。

（3）尺寸标注及技术要求。

外圆柱面粗糙度取 $Ra3.2$，其余取 $Ra6.3$，因有密封要求，因而采用 IT6～IT7 级精度，基本偏差为 s。

（4）材料。

非重要零件，选用普通碳素结构钢 Q235。

8. 标准件

标准件不必画图，测绘后查手册，确定螺钉、销、键、弹性挡圈、油封的规格尺寸。

7.2.5　回装齿轮油泵

在现场测绘时，测绘完零件草图后，就回装机器。装配顺序与拆卸顺序相反。工作图则根据零件草图完成。

7.2.6　画装配图

1. 齿轮油泵装配图表达方案

该部件的内部结构比较复杂，为清晰表达结构形状，传动路线和工作原理采用主、左两个基本视图。主视图取全剖视表达各零件间的装配关系和传动路线；左视图通过泵盖的结合面作局部剖视表达工作原理，未剖部分用来表达进出油孔的位置和规格；为清晰表达安装孔的位置尺寸，增加右视图。齿轮油泵装配图如图7-9所示。

2. 齿轮油泵装配图画法步骤

（1）定比例、选图幅、布图。图形比例大小及图纸幅面大小应根据齿轮油泵的总体大小、复杂程度，同时还要考虑尺寸标注、序号和明细表所占的位置综合考虑来确定。视图布置是通过画各个视图的轴线、中心线、基准位置线来安排。

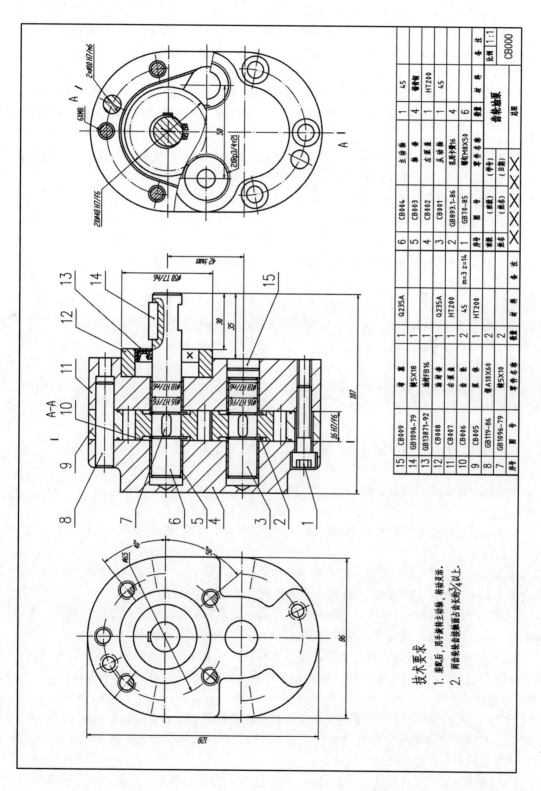

技术要求

1. 装配后，用手旋转主动轴，转动灵活。
2. 两齿轮齿宽齿接触面占齿长的3/4以上。

图 7-9　齿轮油泵装配图

15	CB009		体 盖	1	Q235A	
14	GB1096-79		键5X18	1		
13	GB13871-92		油封FB16	1		
12	CB008		齿形垫	1	Q235A	
11	CB007		左泵盖	1	HT200	
10	CB006		密封垫	2	45	
9	CB005		泵 体	1	HT200	
8	GB119-86		销A10X60	2		
序号	图号		零件名称	数量	材料	备注

6	CB004		主动轴	1	45	
5	CB003		垫 圈	4	钢板纸	
4	CB002		右泵盖	1	HT200	
3	CB001		从动轴	1	45	
2	GB893.1-86		孔用卡簧6	4		
1	GB70-85		螺钉M8X50	6		
序号	图号		零件名称	数量	材料	备注

齿轮油泵

比例 1:1

CB000

（2）在画装配图时，按照先主要零件，后其他零件，先主要结构，后局部结构的顺序进行，要注意各零件间的相互关系，尤其是相配合的零件。这里可先画出泵体各视图的轮廓线。

（3）按照各零件的大小、相对位置和装配关系画出其他各零件视图的轮廓及其他细部结构。

（4）画完视图之后，要进行检查修正，看装配结构是否合理，同一个零件的剖面线方向、间距是否一致，是否有漏线等。确定无误，按照图线的粗细要求和规格类型将图线描深加粗。

（5）标注尺寸，注写技术要求，编写零件序号，填写标题栏和明细表，完成齿轮油泵装配图。注意给零件编号排列要整齐，认真检查无遗漏，再填写序号数字。

3. 齿轮油泵装配图的尺寸标注

齿轮油泵装配图应标注以下尺寸。

（1）性能尺寸。

说明装配体的性能、规格大小的尺寸，如齿轮油泵装配图中进出油口管螺纹孔尺寸 Rp3/4。

（2）装配尺寸。

配合尺寸：说明零件尺寸大小及配合性质的尺寸，如轴与轴套、轴套与泵体支承孔间的配合尺寸ϕ16H7/f6、ϕ18H7/n6，齿轮与泵体孔的配合尺寸ϕ48H7/f6 等。两轴中心距：如图 7-9 中标注的两轴中心距 42±0.015。

（3）安装尺寸。

说明将机器或部件安装到基座、机器上的安装定位尺寸，如齿轮泵左泵盖上 4 个螺栓孔的中心距尺寸。

（4）外形尺寸。

说明齿轮油泵的外形轮廓的尺寸，如总长尺寸 107，总宽尺寸 86，总高尺寸 128。

（5）其他重要尺寸。

如输入轴轴端距油封盖及右泵盖的尺寸 30、35 等。

4. 技术要求

齿轮油泵装配图技术可以用规定标注法和文字说明两种方法表达，如图 7-9 所示，一般应包括下列内容：

（1）零件装配后应满足的配合技术要求，如主动轴、从动轴与轴套、轴套与泵座支承孔的配合尺寸ϕ16H7/f6、ϕ18H7/n6，齿轮与泵体孔的配合尺寸ϕ48H7/f6 等。

（2）装配时应保证润滑要求、密封要求，检验、试验的条件、规范以及操作要求，如齿轮装配后，用手转动齿轮应灵活；两齿轮的轮齿啮合长度应在齿长的 3/4 以上。

（3）机器或部件的规格、性能参数，使用条件及注意事项，以上两项一般用文字说明的方法在标题栏上方写出，若需要还可在标题栏上方或左侧绘制泵的规格和技术参数表。

5. 其他注意事项

（1）装配图上两传动轴间距离与泵盖上两轴孔距离的基本尺寸相同，但公差不同。为了保证装配后两传动轴间距离的精度要求，泵盖上两轴孔距离的精度要求需更高，理论上需要进行尺寸链计算，也可根据经验类比。

（2）装配图的图号、明细表上零件图号、零件工作图图号三者需相对应，如图 7-10 所示。

序号	图 号	零件名称	数量	材 料	备 注
		主 动 轴	1		
	CB003	轴 套	4	锡青铜	
4	CB002	左 泵 盖	1	HT200	
3	CB001	从 动 轴	1	45	
2	GB893.1-86	孔用卡簧16	4		
1	GB70-85	螺钉M8X50	6		

班级	（班级）	（学号）	齿轮油泵	比例	1:1
姓名	（姓名）	（日期）		CB000	
×××××			总图		

（a）总图明细表及标题栏

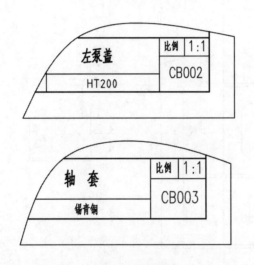

（b）零件图标题栏

图 7-10　总图与零件图的图号名称相对应示范

7.2.7　画零件工作图

　　根据整理后的零件草图和装配图，可用尺规或计算机绘制零件工作图。通过绘制装配图，可以对零件草图中的结构和大小进行核对，因此零件图不能照抄草图，对零件的结构、视图表达、技术要求等内容都需要根据装配图作调整。对规范的结构（如倒角、退刀槽、键槽、砂轮越程槽、凸台、凹坑等），还需要查阅手册。标准件是外购件，不需要画图。其他零件都需要画出零件工作图，如图 7-11、图 7-12 所示。

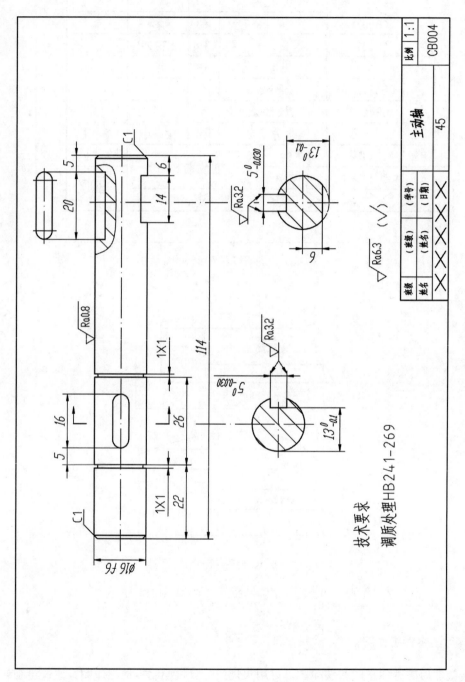

技术要求
调质处理HB241-269

图7-11　主动轴零件工作图

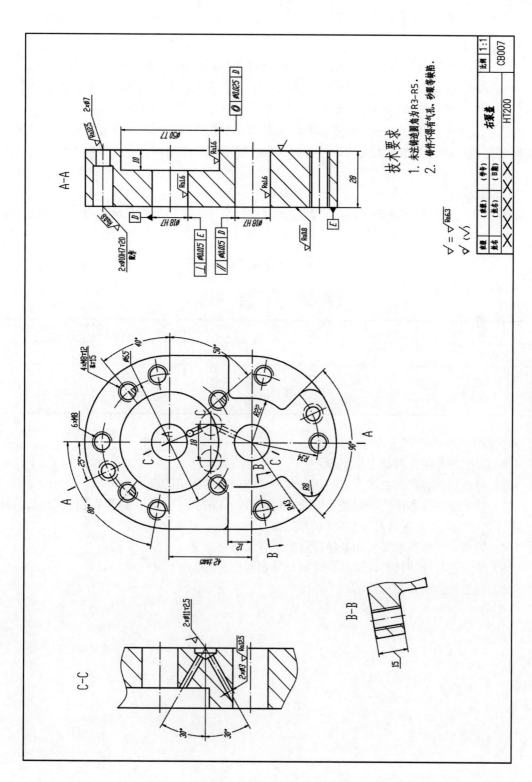

图 7-12 右泵盖零件工作图

7.2.8　全面检查装订成册

1. 检查核对

（1）按装配图明细表的序号，清点零件图是否齐全，图号、材料、名称、件数是否一致。

（2）核对零件尺寸（此项工作在画装配图时已进行）要特别注意零件图和装配图的配合尺寸是否一致，轴向方向的累加尺寸是否一致。

总之，在审核图纸时，应对照零件图和装配图的相应部分进行，这样才容易发现错误。在实际工作中审图的工作是大量的，涉及知识面也很广，这些知识要在实践中不断积累，逐步提高，以便适应实际工作的需要。

2. 写测绘报告书

测绘报告书是指以书面形式对部件测绘实训进行的一次总结汇报。测绘报告书应统一格式，如表7-4所示。

表7-4　测绘报告书格式

测　绘　报　告　书

专业班级		姓　名		学　号	
测绘内容					

测绘报告书应包含以下内容：

（1）说明部件的作用及工作原理。

（2）分析部件装配图表达方案的选择理由，并说明各视图的表达意义。

（3）说明部件各零件的装配关系以及各种配合尺寸的表达含义，主要零件结构形状的分析，零件之间的相对位置以及安装定位的形式。

（4）说明装配图技术要求的类型以及表达含义。

（5）装配图尺寸的种类，这些尺寸如何确定和标注。

（6）测绘实训的体会与总结。

附录 A

GB 4460—84 机械制图 机构运动简图符号

表 A-1　摩擦机构与齿轮机构

	名称	基本符号	可用符号	附注
5.2 5.2.1	齿轮机构 齿轮（不指明齿线） 　a. 圆柱齿轮			
	b. 圆锥齿轮	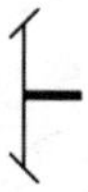	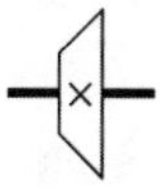	
	c. 挠性齿轮	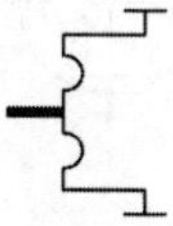		
5.2.2	齿线符号 　a. 圆柱齿轮 　（i）直齿			
	（ii）斜齿			
	（iii）人字齿		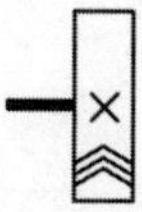	
	b. 圆锥齿轮 　（i）直齿			
	（ii）斜齿			
	（iii）弧齿		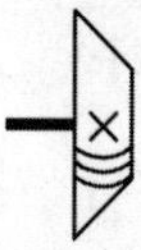	

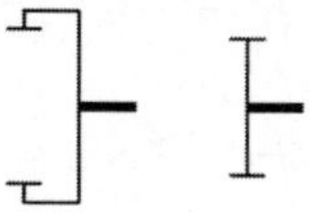

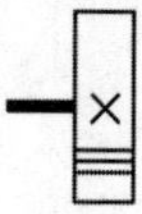

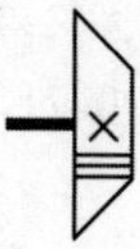

续表

	名称	基本符号	可用符号	附注
5.2.3	齿轮传动（不指明齿线）			
	a. 圆柱齿轮			
	b. 非圆齿轮			
	c. 圆锥齿轮			
	d. 准双曲面齿轮			
	e. 蜗轮与圆柱蜗杆			
	f. 蜗轮与球面蜗杆			
	g. 螺旋齿轮			

续表

	名称	基本符号	可用符号	附注
5.2.4	齿条传动 a. 一般表示 b. 蜗线齿条与蜗杆 c. 齿条与蜗杆			
5.2.5	扇形齿轮传动	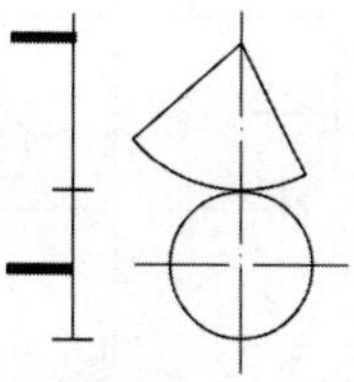	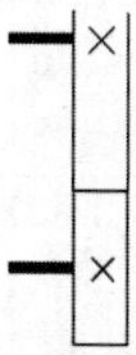	

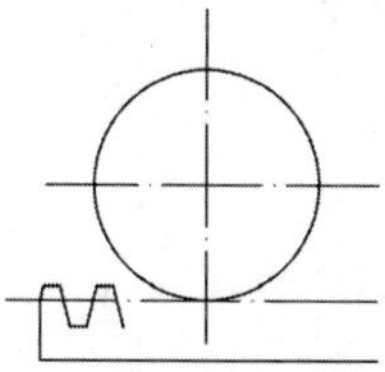

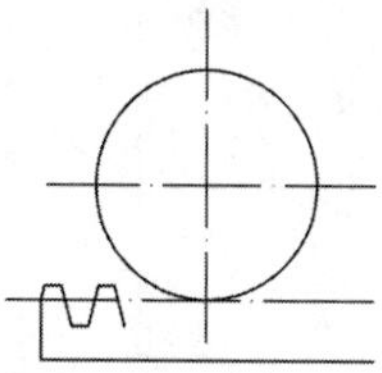

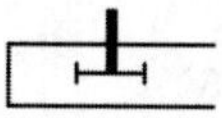

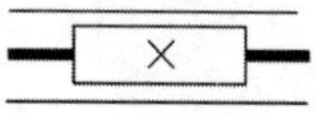

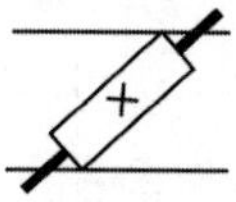

表 A-2 GB 4460－84 中附录（补充件）

	名称	基本符号	可用符号	附注
A.1	皮带传动——一般符号 （不指明类型）	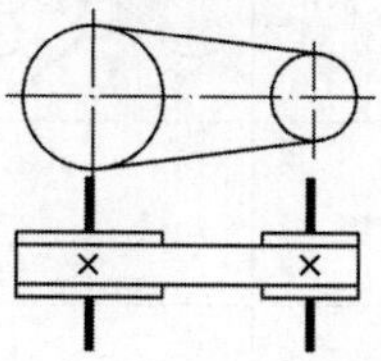		若需指明皮带类型可采用下列符号： 三角皮带 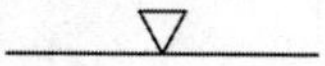 圆皮带 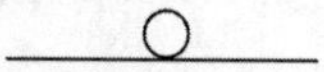 同步齿形带 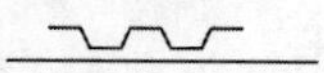 平皮带  例：三角皮带传动 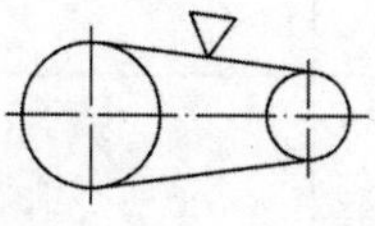
A.2	轴上的宝塔轮	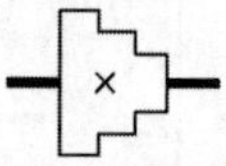		

续表

	名称	基本符号	可用符号	附注
A.3	链传动———一般符号 （不指明类型）			若需指明链条类型,可采用下列符号: 环形链 滚子链 无声链 例：无声链传动
A.4 A.4.1	螺杆传动 整体螺母			
A.4.2	开合螺母			
A.4.3	滚珠螺母			
A.5	挠性轴			可以只画一部分
A.6	轴上飞轮			
A.7	分度头			n 为分度数
A.8 A.8.1	轴承 向心轴承 a. 普通轴承 b. 滚动轴承			

续表

	名称	基本符号	可用符号	附注
A.8.2	推力轴承 a. 单向推力普通轴承			若有需要,可指明轴承型号
	b. 双向推力普通轴承			
	c. 推力滚动轴砂			
A.8.3	向心推力轴承 a. 单向向心推力普通轴承			
	b. 双向向心推力普通轴承			
	c. 向心推力滚动轴承			
A.9	弹簧 a. 压缩弹簧	φ或□		弹簧的符号详见GB 4459.4－84
	b. 拉伸弹簧			
	c. 扭转弹簧			
	d. 碟形弹簧			
	e. 截锥涡卷弹簧			

	名称	基本符号	可用符号	附注
A.9	f. 涡卷弹簧			
	g. 板状弹簧			
A.10	原动机 a. 通用符号 （不指明类型）			
	b. 电动机——一般符号			
	c. 装在支架上的电动机			

附录 B

有关配合、表面粗糙度等附表

表 B-1　公差等级的应用

应用	公差等级（IT）																		
	01	0	1	2	3	4	5	6	7	8	9	10	11	12	13	14	15	16	17	18
量块	─	─	─																	
量规			─	─	─	─	─	─	─											
配合尺寸							─	─	─	─	─	─	─	─	─					
特别精密零件的配合			─	─	─	─	─													
非配合尺寸（大制造公差）														─	─	─	─	─	─	─
原材料公差										─	─	─	─	─	─	─				

表 B-2　公差等级的选择

公差等级	应用条件说明	应用举例
IT01	用于特别精密的尺寸传递基准	特别精密的标准量块
IT0	用于特别精密的尺寸传递基准及宇航中特别重要的极个别精密配合尺寸	特别精密的标准量块；个别特别重要的精密机械零件尺寸。校对检验 IT6 级轴用量规的校对量规
IT1	用于精密的尺寸传递基准、高精密测量工具，特别重要的极个别精密配合尺寸	高精密标准量规；校对检验 IT7 至 IT9 级轴用量规的校对量规；个别特别重要的精密机械零件尺寸
IT2	用于高精密的测量工具、特别重要的精密配合尺寸	检验 IT6 至 IT7 级工件用量规的尺寸制造公差，校对检验 IT8 至 IT11 级轴用量规的校对塞规；个别特别重要的精密机械零件的尺寸
IT3	用于精密测量工具，小尺寸零件的高精度的精密配合及与 C 级滚动轴承配合的轴径和外壳孔径	检验 IT8 至 IT11 级工件用量规和校对检验 IT9 至 IT13 级轴用量规的校对量规；与特别精密的 C 级滚动轴承内环孔（直径至 100mm）相配的机床主轴、精密机械和高速机械的轴径；与 C 级向心球轴承外环外径相配合的外壳孔径；航空工业及航海工业中导航仪器上特殊精密的个别小尺寸零件的精密配合
IT4	用于精密测量工具、高精度的精密配合和 C 级、D 级滚动轴承配合的轴径和外壳孔径	检验 IT9 至 IT12 级工件用量规和校对 IT12 至 IT14 级轴用量规的校对量规与 C 级轴承孔（孔径大于 100mm 时）及与 D 级轴承孔相配的机床主轴，精密机械和高速机械的轴径；与 C 级轴相配的机床外壳孔，柴油机活塞销及活塞销座孔径；高精度（1 级至 4 级）齿轮的基准孔或轴径；航空及航海工业用仪器中特殊精密的孔径

续表

公差等级	应用条件说明	应用举例
IT5	用于机床、发动机和仪表中特别重要的配合，在配合公差要求很小，形状精度要求很高的条件下，这类公差等级能使配合性质比较稳定，相当于旧国际中最高精度（1 级精度轴），故它对加工要求较高，一般机械制造中较少应用	检验 IT11 至 IT14 级工件用量规和校对 IT14 至 IT15 级轴用量规的校对量规与 D 级滚动轴承相配的机床箱体孔；与 E 级滚动轴承孔相配的机床主轴，精密机械及高速机械的轴径；机床尾架套筒，高精度分度盘轴颈；分度头主轴、精密丝杆基准轴颈；高精度镗套的外径等；发动机中主轴的外径；活塞销外径与活塞的配合；精密仪器中轴与各种传动件轴承的配合；航空、航海工业中，仪表中重要的精密孔的配合；5 级精度齿轮的基准孔及 5 级、6 级精度齿轮的基准轴
IT6	广泛用于机械制造中的重要配合，配合表面有较高均匀性的要求，能保证相当高的配合性质，使用可靠。相当于旧国标中 2 级精度轴和 1 级精度孔的公差	检验 IT12 至 IT15 级工件用量规和校对 IT15 至 IT16 级轴用量规的校对量规；与 E 级滚动轴承相配的外壳孔及与滚子轴承相配的机床主轴轴颈；机床制造中，装配式青铜蜗轮、轮壳外径安装齿轮、蜗轮、联轴器、皮带轮、凸轮的轴径；机床丝杆支承轴颈、矩形花键的定心直径、摇臂钻床的立柱等，机床夹具的导向件的外径尺寸；精密仪器光学仪器，计量仪器中的精密孔；航空、航海仪器仪表中的精密轴；无线电工业、自动化仪表、电子仪器，如邮电机械中的特别重要的轴以及手表中特别重要的轴；导航仪器中主罗经的方位轴、微电机轴、电子计算机外围设备中的重要尺寸；医疗器械中牙科直车头，中心齿轴及 X 线机齿轮箱的精密轴等；缝纫机中重要轴类尺寸；发动机中的汽缸套外径、曲轴主轴颈、活塞销、连杆衬套、连杆和轴瓦外径等；6 级精度齿轮的基准孔和 7 级、8 级精度齿轮的基准轴径，以及特别精密（1 级 2 级精度）齿轮的顶圆直径
IT7	应用条件与 IT6 相类似，但它要求的精度可比 IT6 稍低一点。在一般机械制造业中应用相当普遍，相当于旧国际中 3 级精度轴或 2 级精度孔的公差	检验 IT14 至 IT16 级工件用量规和校对 IT16 级轴用量规的校对量规；机床制造中装配式青铜蜗轮轮缘孔径、联轴器、皮带轮、凸轮等的孔径、机床卡盘座孔、摇臂钻床的摇臂孔、车床丝杆的轴承孔等；机床夹头导向件的内孔（如固定钻套、可换钻套、衬套、镗套等）；发动机中的连杆孔、活塞孔、铰制螺栓定位孔等；纺织机械中的重要零件；印染机械中要求较高的零件；精密仪器光学仪器中精密配合的内孔；手表中的离合杆压簧等；导航仪器中主罗经壳底座孔、方位支架孔；医疗器械中牙科直车头中心齿轮轴的辆承孔及 X 线机齿轮箱的转盘孔；电子计算机、电子仪器、仪表中的重要内孔；自动化仪表中的重要内孔；缝纫机中的重要轴内孔零件；邮电机械中的重要零件的内孔；7 级、8 级精度齿轮的基准孔和 9 级、10 级精度齿轮的基准轴
IT8	用于机械制造中属中等精度；在仪器、仪表及钟表制造中，由于基本尺寸较小，所以属较高精度范畴；在配合确定性要求不太高时，是应用较多的一个等级。尤其是在农业机械、纺织机械、印染机械、自行车、缝纫机、医疗器械中应用最广	检验 IT16 级工件用量规，轴承座衬套沿宽度方向的尺寸配合；手表中跨齿轴，棘爪拨针轮等与夹板的配合；无线电仪表工业中的一般配合；电子仪器仪表中较重要的内孔；计算机中变数齿轮孔和轴的配合。医疗器械中牙科车头的钻头套的孔与车针柄部的配合；导航仪器中主罗经粗刻度盘孔月牙形支架与微电机汇电环孔等；电机制造中铁芯与机座的配合；发动机活塞油环槽宽连杆轴瓦内径、低精度（9 至 12 级精度）齿轮的基准孔和 11~12 级精度齿轮根基准轴、6 至 8 级精度齿轮的顶圆

公差等级	应用条件说明	应用举例
IT9	应用条件与 IT8 相类似，但要求精度低于 IT8 时用，比旧国际 4 级精度公差值稍大	机床制造中轴套外径与孔、操纵件与轴、空转皮带轮与轴操纵系统的轴与轴承等的配合，纺织机械、印染机械中的一般配合零件；发动机中机油泵体内孔、气门导管内孔、飞轮与飞轮套、圈衬套、混合气预热阀轴、汽缸盖孔径、活塞槽环的配合等；光学仪器、自动化仪表中的一般配合；手表中要求较高零件的未注公差尺寸的配合，单键连接中键宽配合尺寸；打字机中的运动件配合等
IT10	应用条件与 IT9 相类似，但要求精度低于 IT9 时用，相当于旧国标的 6 级精度公差	电子仪器仪表中支架上的配合；导航仪器中绝缘衬套孔与汇电环衬套轴；打字机中铆合件的配合尺寸，闹钟机构中的中心管与前夹板；轴套与轴；手表中尺寸小于 18 毫米时要求一般的未注公差尺寸及大于 18 毫米要求较高的未注公差尺寸；发动机中油封挡圈孔与曲轴皮带轮毂
IT11	用于配合精度要求较粗糙，装配后可能有较大的间隙，特别适用于要求间隙较大，且有显著变动而不会引起危险的场合，相当于旧国标的 5 级精度公差	机床上法兰盘止口与孔、滑块与滑移齿轮、凹槽等；农业机械、机车车箱部件及冲压加工的配合零件；钟表制造中不重要的零件，手表制造用的工具及设备中的未注公差尺寸；纺织机械中较粗糙的活动配合；印染机械中要求较低的配合；医疗器械中手术刀片的配合；磨床制造中的螺纹连接及粗糙的动连接；不作测量基准用的齿轮顶圆直径公差
IT12	配合精度要求很粗糙，装配后有很大的间隙，适用于基本上没有什么配合要求的场合，要求较高未注公差尺寸的极限偏差；比旧国标的 7 级精度公差值稍小	非配合尺寸及工序间尺寸；发动机分离杆；手表制造中工艺装备的未注公差尺寸；计算机行业切削加工中未注公差尺寸的极限偏差；医疗器械中手术刀柄的配合；机床制造中扳手孔与扳手座的连接
IT13	应用条件与 IT12 相类似，但比旧国标 7 级精度公差值稍大	非配合尺寸及工序间尺寸。计算机、打字机中切削加工零件及圆片孔、二孔中心距的未注公差尺寸
IT14	用于非配合尺寸及不包括在尺寸链中的尺寸，相当于旧国标的 8 级精度公差	在机床、汽车、拖拉机、冶金矿山、石油化工、电机、电器、仪器、仪表、造船、航空、医疗器械、钟表、自行车、缝纫机、造纸与纺织机械等工业中对切削加工零件未注公差尺寸的极限偏差，广泛应用此等级
IT15	用于非配合尺寸及不包括在尺寸链中的尺寸，相当于旧国标的 9 级精度公差	冲压件、木模铸造零件、重型机床制造，当尺寸大于 3150mm 时的未注公差尺寸
IT16	用于非配合尺寸及不包括在尺寸链中的尺寸。相当于旧国标的 10 级精度公差	打字机中浇铸件尺寸；无线电制造中箱体外形尺寸；手术器械中的一般外形尺寸公差；压弯延伸加工用尺寸；纺织机械中木件尺寸公差；塑料零件尺寸公差；木模制造和自由锻造时用
IT17	用于非配合尺寸及不包括在尺寸链中的尺寸。相当于旧国标的 11 级精度	塑料成型尺寸公差；手术器械中的一般外形尺寸公差
IT18	用于非配合尺寸及不包括在尺寸链中的尺寸，相当于旧国标的 12 级精度	冷作、焊接尺寸用公差

表 B-3   各种基本偏差的应用实例

配合	基本偏差	特点及应用实例
间隙配合	a（A） b（B）	可得到特别大的间隙，应用很少。主要用于工作时温度高、热变形大的零件的配合，如发动机中活塞与缸套的配合为 H9/a9
	c（C）	可得到很大的间隙。一般用于工作条件较差（如农业机械）、工作时受力变形大及装配工艺性不好的零件的配合，也适用于高温工作的间隙配合，如内燃机排气阀杆与导管的配合为 H8/c7
	d（D）	与 IT7～IT11 对应，适用于较松的间隙配合（如滑轮、空转的带轮与轴的配合），以及大尺寸滑动轴承与轴颈的配合（如涡轮机、球磨机等的滑动轴承）。活塞环与活塞槽的配合可用 H9/d9
	e（E）	与 IT6～IT9 对应，具有明显的间隙，用于大跨距及多支点的转轴与轴承的配合，以及高速、重载的大尺寸轴与轴承的配合，如大型电机、内燃机的主要轴承处的配合为 H8/e7
	f（F）	多与 IT6～IT8 对应。用于一般转动的配合，受温度影响不大，采用普通润滑油的轴与滑动轴承的配合，如齿轮箱、小电动机、泵等的转轴与滑动轴承的配合为 H7/f6
	g（G）	多与 IT5～IT7 对应，形成配合的间隙较小，用于轻载精度装置中的转动配合，用于插销的定位配合，滑阀、连杆销等处的配合，钻套孔多用 G
	h（H）	多与 IT4～IT11 对应，广泛用于相对转动的配合、一般的定位配合，若没有温度、变形的影响也用于精密滑动轴承，如车床尾座孔与滑动套筒的配合为 H6/h5
过渡配合	js（JS）	多用于 IT4～IT7 具有平均间隙的过渡配合，用于略有过盈的定位配合，如联轴节，齿圈与轮毂的配合，滚动轴承外圈与外壳孔的配合多用 JS7/h6，一般用手或木槌装配
	k（K）	多用于 IT4～IT7 平均间隙接近零的配合，用于定位配合，如滚动轴承的内、外圈分别与轴颈、外壳孔的配合，用木槌装配
	m（M）	多用于 IT4～IT7 平均过盈较小的配合，用于精密定位的配合，如蜗轮的青铜轮缘与轮毂的配合为 H7/m6
	n（N）	多用于 IT4～IT7 平均过盈较大的配合，很少形成间隙。用于加键传递较大转矩的配合，如冲床上齿轮与轴的配合，用槌子或压力机装配
过盈配合	p（P）	用于小过盈配合。与 H6 或 H7 的孔形成过盈配合，而与 H8 的孔形成过渡配合。碳钢和铸铁制零件形成的配合为标准压入配合，如绞车的绳轮与齿圈的配合为 H7/p6。合金钢制零件的配合需要小过盈时可用 p（或 P）
	r（R）	用于传递大转矩或受冲击负荷而需要加键的配合，如蜗轮与轴的配合为 H7/r6。H8/r8 配合在基本尺寸<100mm 时，为过渡配合
	s（S）	用于钢和铸铁零件的永久性和半永久性结合，可产生相当大的结合力。如套环压的轴、阀座上用 H7/s6 配合
	t（T）	用于钢和铸铁制零件的永久性结合，不用键可传递扭矩，需用热套法或冷轴法装配，如联轴器与轴的配合为 H7/t6
	u（U）	用于大过盈配合，最大过盈需验算。用热套法进行装配，如火车轮毂和轴的配合为 H6/u5
	v（V），x（X） y（Y），z（Z）	用于特大过盈配合，目前使用的经验和资料很少，需经试验后才能应用，一般不推荐

表 B-4　轴和孔的表面粗糙度参数推荐值

应用场合			$R_1/\mu m$		
示例	公差等级	表面	基本尺寸/mm		
			≤50	>50～500	
经常装拆零件的配合表面（如挂轮、滚刀等）	IT5	轴	≤0.2	≤0.4	
		孔	≤0.4	≤0.8	
	IT6	轴	≤0.4	≤0.8	
		孔	≤0.8	≤1.6	
	IT7	轴	≤0.8	≤1.6	
		孔			
	IT8	轴	≤0.8	≤1.6	
		孔	≤1.6	≤3.2	

	公差等级	表面	基本尺寸/mm		
			≤50	>50～120	>120～500
过盈配合的配合表面（a）用压力机装配（b）用热孔法装配	IT5	轴	≤0.2	≤0.4	≤0.4
		孔	≤0.4	≤0.8	≤0.8
	IT6	轴	≤0.4	≤0.8	≤1.6
	IT7	孔	≤0.8	≤1.6	≤1.6
	IT8	轴	≤0.8	≤1.6	≤3.2
		孔	≤1.6	≤3.2	≤3.2
	IT9	轴	≤1.6	≤1.6	≤1.6
		孔	≤3.2	≤3.2	≤3.2

滑动轴承的配合表面	IT6～IT9	轴	≤0.8
		孔	≤1.6
	IT10～IT12	轴	≤3.2
		孔	≤3.2

	公差等级	表面	径向圆跳动/μm					
			2.5	4	6	10	16	25
精密定心零件的配合表面	IT5～IT8	轴	≤0.05	≤0.1	≤0.1	≤0.2	≤0.4	≤0.8
		孔	≤0.1	≤0.2	≤0.2	≤0.4	≤0.8	≤1.6

表 B-5　形状公差与表面粗糙度参数值的关系

形状公差 t 占尺寸公差 T 的百分比 t/T（%）	表面粗糙度参数值占尺寸公差百分比	
	Ra/T（%）	Rz/T（%）
约 50	≤5	≤20
约 40	≤2.5	≤10
约 25	≤1.2	≤5

附录 C

有关键槽尺寸附表

轴径	键	键槽												
公称直径 d	公称尺寸 b×h	宽度					深度				半径 r		
		b	偏差				轴 t_1		毂 t_2				
			较松		一般		较紧	公称	偏差	公称	偏差	最小	最大
			轴 H9	毂 D10	轴 N9	毂 JS9	轴毂 P9						
6~8	2×2	2	+0.025 0	+0.060 +0.020	-0.004 -0.029	±0.0125	-0.006 -0.031	1.2		1		0.08	0.16
>8 ~10	3×3	3						1.8		1.4			
>10 ~12	4×4	4	+0.03 0	+0.078 +0.030	0 -0.030	±0.015	-0.012 -0.042	2.5	+0.10 0	1.8	+0.10 0		
>12 ~17	5×5	5						3.0		2.3			
>17 ~22	6×6	6						3.5		2.8		0.16	0.25
>22 ~30	8×7	8	+0.036 0	+0.098 +0.040	0 -0.036	±0.018	-0.015 -0.051	4.0		3.3			
>30 ~38	10×8	10						5.0		3.3			
>38 ~44	12×8	12	+0.043 0	+0.120 +0.050	0 -0.043	±0.0215	-0.018 -0.061	5.0		3.3			
>44 ~50	14×9	14						5.5		3.8		0.25	0.4
>50 ~58	16×10	16						6.0	+0.20 0	4.3	+0.20 0		
>58 ~65	18×11	18						7.0		4.4			
>65 ~75	20×12	20	+0.052 0	+0.149 +0.065	0 -0.052	±0.026	-0.022 -0.074	7.5		4.9			
>75 ~85	22×14	22						9.0		5.4		0.4	0.6
>85 ~95	25×14	25						9.0		5.4			

续表

轴径	键	键槽											
			宽度					深度				半径 r	
公称直径 d	公称尺寸 b×h	b			偏差			轴 t_1		毂 t_2			
			较松		一般		较紧						
			轴 H9	毂 D10	轴 N9	毂 JS9	轴毂 P9	公称	偏差	公称	偏差	最小	最大
>95 ~110	28×16	28						10.0		6.4			
>110 ~130	32×18	32						11.0		7.4			
>130 ~150	36×20	36						12.0		8.4			
>150 ~170	40×22	40	+0.062 0	+0.180 +0.080	0 -0.062	±0.031	-0.026 -0.088	13.0	+0.30 0	9.4	+0.30 0	0.7	1
>170 ~200	45×25	45						15.0		10.4			
>200 ~230	50×28	50						17.0		11.4			

参考文献

[1] 李明. 工程制图测绘实训. 合肥：合肥工业大学出版社，2007.

[2] 郑建中. 机器测绘技术. 北京：机械工业出版社，2006.

[3] 钱可强. 机械制图. 北京：高等教育出版社，2006.

[4] 成大先. 机械制图极限与配合. 北京：化学工业出版社，2004.